Gravity's Ghost

Scientific Discovery in the Twenty-first Century

重力的幽靈

關於實驗室、觀測，以及統計數據在21世紀的科學探險

Harry Collins 哈利・柯林斯
劉怡維、秦先玉——譯

目　次

推薦序　來自天上幽靈的一個應許……5
傅大為

譯者序……15
劉怡維、秦先玉

前言……25
Introduction

——第1章——
重力波探測……33
Gravitational Wave Detection

——第2章——
秋分事件：初期……55
The Equinox Event: Early Days

——第3章——
抗拒發現……93
Resistance to Discovery

——第4章——

秋分事件：中期……125

The Equinox Event: The Middle Period

——第5章——

統計檢測的隱藏歷史……155

The Hidden Histories of Statistical Tests

——第6章——

秋分事件：結局……183

The Equinox Event: The Denouement

——第7章——

重力的幽靈……205

Gravity's Ghost

跋　21世紀的科學……241

Envoi: Science in the Twenty-first Century

後記　阿卡迪亞會議的反思……255

Postscript: Thinking after Arcadia

附錄1　2007年10月爆發小組的檢查清單……263
The Burst Group Checklist as of October 2007

附錄2　爆發小組為阿卡迪亞會議準備的摘要……275
The Burst Group Abstract Prepared for the Arcadia Meeting

致謝……277
Acknowledgments

參考資料……279
References

推薦序

來自天上幽靈的一個應許

傅大為｜陽明大學科技與社會研究所特聘教授

過去，我們只看到重力在無垠宇宙中的陰影，只能猜測重力女士的大致輪廓。今天，重力的幽靈終於出現了。她開始說話，雖然仍閃爍不定，但似乎在說，明天，她將贈與我們一個親吻。

一群自我認同是「重力波偵測」的物理學家社群，大約千人上下，從上世紀的8、90年代，就開始推動與建造幾個超大儀器偵測站的構想，叫做「雷射干涉儀重力波觀測站」（LIGO），每個這種觀測站都需要花費數億美元。在經過相當慘烈的經費競爭、國會聽證後，最後終於建造完成，他們要偵測在宇宙遙遠的星雲中可能會傳過來的重力波。根據愛因斯坦的廣義相對論，在宇宙中有重力波的傳播，而如果在地球上可以偵測到它們，那麼就更進一步證實了相對論這理論，並會開啟了天文學的一個新分支——重力波天文學。但如果真的發現有重力波，那麼它對人類社會有何意義或好處呢？這似乎還不清楚。但是一大群物理學家，從上世紀的70年代開始設計各種偵測儀器，到近十多年來最新最大最昂貴的LIGO儀器，鍥而不捨地努力與彼此競爭，看誰能夠最先發現，甚至可能獲得諾貝爾獎。這些努力的意義是什麼？從一個「科技與社會研究」（STS）的角度，這些科學家努力的意義、還有多年來的實作過程又是什麼？英國著名的STS學者、社會學家柯林斯，2011年在芝加哥大學出版社出版的《重力的幽靈》，就要告訴我們這一切。

我們知道，從70年代開始，許多做STS研究的學者就強調我們要對科學知識本身做社會學研究，這就是SSK（Sociology of Scientific Knowledge）的取向，而非如過去的社會學家，只對科學機構做研究，卻不碰觸科學知識本身。當然，STS學者常是人文社會學者，研究要深入到科學知識，就得花特別的功夫，而柯林斯，正是SSK這個領域中的佼佼者。他能夠獲得重力波社群的信任，並長年接觸該社群的私下討論與書信、參與許多重要的重力波內部會議，繼而能夠寫出《重力的幽靈》，當然十分不容易。但是如果我們能夠了解到他本人多年來對重力波偵測這個議題的努力，就開始會覺得比較自然且讓人信服。我們先簡單瀏覽一下柯林斯多年來研究重力波偵測及其發展史的紀錄，情況就很清楚了。

時間要回溯到1975年，柯林斯發表了他第一篇重力波偵測的爭議研究〈七性〉（The seven sexes），其中仔細討論了重力波偵測的祖師爺約瑟夫・韋伯（Joseph Weber）的特別偵測實驗及其爭議。因為韋伯說自己發現了重力波，其他科學家則批評完全看不到。柯林斯基於對那個爭議過程的仔細描述與分析，提出了好些後來在STS極具開創性的觀點。之後，除了不少相關的論文，柯林斯又出版了STS的理論性名著《改變秩序——科學實作中的複製與歸納》（*Changing Order: Replication and Induction in Scientific Practice,* 1985），其中重力波偵測爭議的個案研究，占有該書的核心位置。但隨著韋伯的宣稱被質疑與否定，許多物理學家並沒有放棄這個議題，反而發明了許多更新穎的偵測儀器，並積極參與到經費的競爭與攻防裡去。一直輾轉發展到21世紀LIGO的建造與開始運作為止，重力波的偵測儀器也開始從小科學轉變成為大科學了。偵測與製造儀器的複雜歷史雖然斑斑可考，但需要花上學者們多年的努力才能理解與跑完全程。所以到了2002年，柯林斯上千頁的草稿《重力的陰影》(*Gravity's Shadow*)終於完成，繼而縮減為900頁的大書，2004年出版，堪稱為21世紀初最詳盡、且最具STS與社會學意義的重力波偵測史。

也唯有在這個歷史背景下，我們才能更準確地理解目前《重力的幽靈》一書的意義、還有柯林斯努力的分量。畢竟，21世紀的LIGO開始運作與偵測，到了2007年的秋分日，兩、三架相隔遙遠的LIGO儀器同時偵測到可能的重力波信號，這可能是大事，但也可能是錯誤(當年韋伯的失敗遭到重力波社群外物理學界很多人的嘲笑，所以這是重力波偵測社群今天最不願意重複的錯誤)，它甚至可能是LIGO核心成員任意植入的假信號，為了讓這個物理社群去分析與檢查，看看他們是否能看出這是個假信號。這段新而複雜的歷史，及其社會學的意涵(因裡面有很多主觀的統計學假設，或是社會學因素，如物理學家集體投票決定方法與規則等)，就構成了本書的主體。

2007年之後，偵測社群在2009年又偵測到新而響亮的信號(2007年的秋分的信號很微弱)，重力波學家稱之為「大狗」(Big

Dog），但這次又要如何評估呢？估計應該要用一種與分析先前秋分事件頗不同的程序來分析。很快地，柯林斯駕輕就熟地將原本《重力的幽靈》內容擴充一倍，並成為《幽靈》的擴大平裝本，把第二個大狗事件擺在秋分事件之後，而在2013年出版了《重力的幽靈和大狗》（*Gravity's Ghost and Big Dog*）一書。不知情的STS朋友可能還以為柯林斯出書讓人眼花撩亂，與一般「十年磨一劍」的經典形象相去甚遠。殊不知，這不是柯林斯寫得快，而是表示了重力波偵測社群的飛速發展。時間飛快，越來越接近當代了，到了2015年，敏感度更升級的干涉儀（AdLIGO），又同時偵測到新的重要信號。經過分析與辯論，整個社群終於逐漸接受這次是真的探測到重力波，社群中的物理學家們於是開始寫「發現」重力波的論文，並於2016年發表。繼而，三位資深的重力波物理學家在2017年一起獲得諾貝爾獎，而柯林斯同年也出版了討論這個最後過程的《重力的親吻》（*Gravity's Kiss*）一書，堪稱是他重力三部曲的最後一支舞曲吧。

＊＊＊

目前《重力的幽靈》這本書，是柯林斯「重力」三部曲的中段。寫在2009到2010左右的年代，柯林斯深切感到，偵測社群對秋分事件花了十八個月仔細分析與打造結論，是受到三種力量的形塑：第一是過去韋伯等被認為是犯錯的歷史，讓目前的偵測重力波社群格外地謹慎與保守；第二是未來，因為再過幾年，當時的LIGO將會被敏感度升級的AdLIGO所取代，預料大概可以收到更多的真實信號，故不急於一時，所以更加強了目前對秋分事件進行保守分析趨勢；第三則是目前的力量，它往往來自物理學大社群對目前LIGO的運作（但尚未發現重力波）所發表的論文，表示懷疑其價值，甚至，一般的科學家也可能對雷射干涉儀本身的運作理論懷疑，例如當重力波通過干涉儀時，不只是它兩條垂直長臂的長度會受到影響（這是干涉儀本身理論的相對論基礎），其實所有其他零件也都會受到影響。這是柯林斯對偵測社群在面對秋分事件時的細節社會分析。但是，除了這些歷史與社會分析，《重力的幽靈》所重現的這一整個偵測社群努力的過程與實作，有沒有其他更一般性的意義，可以提供給STS學界，乃至一般科學界？

其實柯林斯在書中前後都提了一些，讀者可以仔細閱讀，但筆者在這篇文章中，就先提兩點，並略加評論，供讀者參考。首先，關於重力波偵測的科學，究竟是個什麼性質的科學？一些偵測社群中的物理學家，常以高能物理的標準為標竿。但柯林斯對此有意見。他認為重力波偵測的科學，不是如牛頓、量子力學、相對論般的精確物理科學，偵測科學的性質，反而更類似於氣象學研究、全球暖化趨勢研究，甚至社會科學研究等，那些都是比較混沌、不精確，但又對人類社會十分重要的科學。重力波的偵測數據，具體而言，其實都是數字，甚至沒有天文學上常見的圖像可言。如何從一群群充滿各種雜訊與意外事件的繁複數字中，推論出偵測到重力波的結果？那就需要非常多的統計與詮釋，這中間，其實可議的地方頗多。

柯林斯在本書花了許多功夫說明，其實偵測社群中有許多對於統計工具的爭議，而即使比較沒有爭議的統計實作，其中也有許多主觀的假設。所以，重力波天文物理學雖然是物理學的一支，但我們其實不該把牛頓與愛因斯坦的精確科學當作是它的標竿。後者其實只是科學的一部分而已，在精確科學之外，科學的天地仍然很大，也更與我們人類社會的價值與命運相關。雖然就理論的蘊含而言，重力波天文學最後可能和相對論關係密切，但就目前偵測社群的實作與歷史社會性質而言，它是不精確的科學。柯林斯覺得，這樣其實很好，這樣的科學社群，反而更適合做STS分析、做社會學分析，因為其中的社會學因素更多。當然，STS過去曾花了很多的功夫，強調即使是最精確的科學與數學，仍然有相當社會力的伏流起伏其中，並沒有像想像中的精確或無關社會人為因素。但柯林斯這裡很機敏地說，精確科學中的不確定性，比較是在評估明天太陽是否仍會升起的確定性問題（此為傳統的歸納法問題），但偵測重力波的科學，更像在評估「明天的天氣是否會和今天類似」的這種確定性問題（此為氣象學的問題）。

柯林斯在《重力的幽靈》中反省到的第二個具STS一般性意義的，就是透過了他對重力波偵測社群的參與及理解，他更確認了科學本身的價值，也呼應了他近年來常強調STS的「第三波」取向與「專業」（expertise）概念的重要性。通常，STS給人的印象是深入描述科學知識乃至實作的細節，並對科學的神聖身分提出質疑，甚至企圖去「解構」科學，要讓科學的身分回歸到一般人類社會活動的平常性。柯林斯在2007年與伊凡斯（Robert Evans）合作出版的《重新思考專業》（*Rethinking Expertise*）一書，稱這種STS的「解構」取向，是STS發展上的第二波，柯林斯過去也深於此道（第一波則是尊崇與分析這個具最優秀知識論身分的科學）。但是到了20世紀末，柯林斯等人對於因為解構科學，而讓許多人無邊無際地要求徹底的科學民主化的這種社會潮流感到不安。說任何公民都可以參與任何的科技爭議及其決定，這是否就完全否定了科技專業呢？固然，第二波的成果展示，科學知識的獨特知識論身分已經不再，所以柯林斯等的努力是另闢蹊徑，從語言與社會文化的角度來重新理解什麼是專業、並劃分各種高低強弱不同程度的專業性，進而肯定，當涉及到當代許多關於科技爭議的技術面時（但非爭議的政治面，最後的決定仍須公民投票），今天的科技專家，包括確認後的常民專家，仍然是最好的解答者。他同時也肯定了當代科學的重要社會價值。而柯林斯多年來沉浸於重力波科學社群的經驗，也讓他體驗到這些努力不懈的科學家們所信仰的科學價值。特別是《重力的幽靈》中六、七百名物理學家為了分析2007年的秋分事件所進行長期的各種分析、辯論、集會與反覆思考，讓柯林斯感到這種精神與價值的可貴，並以一身參與其中為傲。

他想強調第三波所看重的專業與科學價值，而企圖遠離今天一些STS研究只侷限在分析與描述科學內部無止盡的競爭、謀略，甚至彼此開戰的格局。在觀察與反思了重力波偵測社群十八月來的努力後，柯林斯有個略帶反諷的感想（因為與第二波的取向相當不同，但彼此又可互補），認為科學家對尋求真理的高標準，無論在理論或生活中，都勝過學院裡的現實政治（*realpolitik*）。這個感想，的確對柯林斯過去所強調的核心科學家們以「協商」的方式來解決彼此的科學爭議，重點有所不同。就如他在討論專業時肯定當代科學的價值，這裡他也肯定以高標準來尋求真理的價值，STS學者柯林斯雖然崛起於STS興起的1970年代，但在21世紀，他開始逐漸回到過去被一些STS學者批評的科學「價值」論述，這讓人回想起二戰後在美國崛起的科學社會學（以莫頓〔Robert Merton〕為首，與SSK頗不同）所常強調的科學價值與規範（norms）論點。過去STS學者常批評這些功能主義意味濃厚的規範論，認為許多科學家其實根本就不遵守這些規範，但是柯林斯在本書的「跋」中認為，過去的規範論是本質論式的規範觀點，但他自己所觀察到科學家們的規範，則更類似於維根斯坦所說的「家族相似性」（family resemblance）群組，這些規範彼此有家族性的類似，卻沒有本質性的元素可以定義全部的科學家規範，同時每個科學家所看重的規範，雖有重疊，但常有所不同。

總之，從STS的角度而言，這是一本十分有趣而精彩的書，它緊跟著重力波物理學的一些最新發展，並繁複地討論重力波偵測的特別儀器，還有仔細分析儀器所得到大量數據的方法爭議與論辯，並提出一些與一般STS論點頗不同的重要想法。但同時，本書也是一本別出心裁的科普好書，裡面大量提到對重力波物理學、巨大干涉儀的運作，如何以各種統計策略來分析大量的數據等，柯林斯不疾不徐，娓娓道來。但與一般科普書不同，柯林斯並非一位重力波物理學家，而是STS中著名的社會學家，從1972到2010年代，前後近四、五十年的歲月，他起起伏伏地對重力波物理社群進行深入觀察，並參與了許多相關的會議及訪談科學家們，然後再來說一個重力幽靈的故事，這會是一本很不同的科普書，裡面雖然充滿著深入淺出的物理學細節，但也處處可見STS所強調的科學史及科學社群內部的社會性格。

這本書的台譯本，由清華大學的名物理學家劉怡維、STS與科技史學者秦先玉二人合譯，可說是個上上之選的翻譯組合，我也略為瀏覽過他們的翻譯片段，自然比英文的原書好讀。我也肯定左岸出版社的見識，願意出版這本十分重要又特別的科普書，但同時又是STS的專著，在字裡行間處處散發著STS科技史與社會學的意涵。我強力推薦這本書給台灣乃至廣泛華語界的科學家，特別是物理學家，還有物理系同學，以及當然與我最接近的STS與科技史的學界及同學們。

譯者序

劉怡維、秦先玉

2000年，譯者之一剛完成博士學業，主攻雷射與原子物理，以及精密量測。作為一個新科博士，接下來是要找個博士後研究的工作。記得當時翻開物理求職主要管道《今日物理》（*Physics Today*）的求職欄，總是會看到「雷射干涉儀重力波觀測站」（LIGO）計畫徵求研究員，那正好與我的專長相符。時值LIGO計畫草創階段，距離真正有機會偵測到重力波的進階版LIGO（AdLIGO），尚有許多艱難的技術挑戰，需要瘋狂奇想，以及熱血的科學家。這樣的廣告相當誘人，它是個偉大且令人著迷的計畫，有超強超穩定的雷射，令人讚嘆的機械懸吊系統，不可思議的4公里巨大干涉儀（一般實驗的干涉儀頂多幾公尺）。觀測重力波，更是一件讓人類開啟「天眼」的工作！實驗物理學家對於這種追求極致、世界奇觀式的實驗，是很難抗拒的。然而，它的令人著迷之處，也是令人害怕之處。它真的可行嗎？它會成功嗎？那些天花亂墜的技術是可能的嗎？會不會到我六十五歲退休之際，它還在掙扎？我能有論文發表嗎？學術生涯要何以為繼？萬一計畫被砍了怎麼辦？種種疑問與擔憂，我膽怯了，選擇了另一個較為「安全」的研究課題。我羨慕著勇於投入的科學家，像是大航海時代的冒險家，有著冒險精神，堅強的意志，過程中歷經許多的挫折、唱衰和懷疑。最戲劇性與令人感動的是，最後他們真的到達了那個許諾之地，偵測到了重力波。

2015年9月14日GW150914事件，人類首次偵測到重力波，指的是兩個巨大的黑洞相互繞轉靠近，形成內漩運動，終至合併所造成的時空漣漪。隨後，又偵測到了數次的雙黑洞重力波信號。然而，黑洞重力波除重力之外，並無其他相應的電磁波信號可為佐證。直到2017年8月17日GW170817事件，一個長達100秒的重力波信號被偵測到，這次是由雙中子星所造成的。於是，LIGO向全球各地的天文台發出通報信號。NASA的費米伽瑪射線太空望遠鏡，隨後在相同方位偵測到巨大的伽瑪射線暴，一個對應的電磁波信號。自此，重力波偵測再也無庸置疑。它不僅僅驗證了愛因斯坦的廣義相對論，更讓人類張開了另一隻眼，「看見」從未探索過的新世界，對宇宙的了解進入了一個新的紀元，多年前所諾許的重力波天文學終於實現。三位領導LIGO計畫的科學家，巴里．巴利許（Barry Barish）、基普．索恩（Kip Thorne）、和萊納．魏斯（Rainer Weiss），獲頒2017年的物理諾貝爾獎。

本書所描述是這一整個冒險過程中的一個片段，2007年9

* 在物理與天文學中，以「事件」（event）來指一個在時間上短暫發生的物理現象。例如，粒子對撞機每次發射，產生對撞，就是一個「事件」；天文物理學上某個星球爆炸，也是一個「事件」。

月開始的「秋分事件」。*它是一場重力波偵測的「演習」，透過一個人為刻意製造出來的假信號，所謂的「盲植」，目的是為了測試整個合作團隊，從統計分析程序，到團隊間的協調合作。這個做法像是一場逼真的軍事演習，長達數月，信號是真或假，直到最後一刻才會揭曉。期間，科學家們都懸宕在真真假假的猶疑之間。顯然，這樣的做法在一般科學研究中並不常見。柯林斯分析，這更產生了許多預期之外的作用，反差出當時科學家各種不同的心態，從而影響他們的科學判斷。這無損於我們透過這事件，觀察探索科學家如何進行科學活動。而與真正的首次偵測保持一段距離，可以讓我們避免過度興奮沉溺，能夠更「冷靜地」看待整個過程。透過這個片段，我們可以看到這群航行於科學大海上的冒險家，他們在同一條船上，各司其責並互相合作，卻也相互算計著對方，爭功諉過。茫茫大海上目標渺茫不可見，他們如何決定前進的方向？他們進行的是貨真價實的科學活動，但卻不是一般所認知的方式：遵循著SOP，或所謂科學實驗步驟。相反地，他們相互爭論，關鍵時刻無所可遵循時，例如飛機雜訊是否放入上限論文的爭辯，最後必須開會投票表決。

本書作者哈利．柯林斯，著名科學社會學家，創建巴斯學派（Bath School），目前是卡地夫大學（Cardiff university）特聘教授，英國國家學術院（British Academy）院士。柯林斯自70年代就已開始進行重力波社群田野調查，重力波研究儀器從重力棒推進到干涉儀，最後偵測成功，他也隨之先後發表了四本主要著作。[*]柯林斯花費長達四十年時間浸淫於該領域，終能與物理學專家們以「物理學的語言」交談，取得了科學家們的信任，得以參與他們最高層的會議，儼然成為其中一分子，成為他自詡的「互動型專家」（interactional expert）。本書對重力波物理的描述介紹，深入淺出，詳盡而精確。對科學活動的精髓掌握精確，批判切重要點。相當不同於一般的科普書籍；它更是一本重要的科學社會學著作，處處充滿著科學哲學與方法論的反思。以下將先簡介重力波干涉儀，作為理解重力波偵測的背景，接著介紹本書閱讀幾種可能的視角。

＊＊＊

用來偵測重力波的干涉儀，是眾所皆知的邁克森干涉儀。邁克森干涉儀的構造原理相對簡單，但在現代物理學中卻有著極為

* 《重力的陰影》（*Gravity's Shadow: the Search for Gravitational Waves,* 2004），主要著力於「前－初始LIGO時代」的重力棒重力波實驗，該書討論了充滿爭議的科學宣稱、重力波偵測先驅爭議人物——約瑟夫・韋伯、從小科學到大科學等。本書《重力的幽靈》寫的是「秋分事件」，一個若有似無，如鬼魅般困擾著整個研究團隊的事件，故事就是干涉儀重力波團隊的相關作為與應對。《重力的幽靈和大狗》（*Gravity's Ghost and Big Dog: Scientific Discovery and Social Analysis in the Twenty-first Century,* 2013），除了收錄《重力的幽靈》全書之外，並增加了「Big Dog」事件的田野調查，與兩篇社會學與方法學的反思。在「Big Dog」事件中，柯林斯不僅是個旁觀的科學社會學家，還積極介入科學討論與決策。《重力的親吻》（*Gravity' s Kiss: The Detection of Gravitational Waves,* 2017），描述了突破關鍵的首次偵測GW150914事件，從出現徵兆到論文正式發表的整個過程。

重要的角色。除了作為重力波的偵測器外，它也是19世紀末邁克森（Albert Abraham Michelson）與莫雷（Edward Morley）測量光速與驗證以太時的工具。他們在當時並未如預期般的量測到以太風，邁克森與莫雷的實驗是「失敗」的。他們發現光速在任何慣性座標下皆為定值，與過去以牛頓－伽利略為基礎的古典物理以太理論不相容，隨後這反而成為支持愛因斯坦狹義相對論的重要證據。

邁克森干涉儀是由兩道相互垂直、在鏡片間不斷來回反射的光臂所構成。這兩道光最後交疊形成干涉。兩道光的交疊會使得光的強度變得更加明亮，或是變暗（建設性干涉，或是破壞性干涉）。這將由兩個光臂的相對長度決定，光臂的長度也就是鏡片間的距離。反過來說，干涉的明暗程度可以用來量測兩個光臂的相對長度。這樣的干涉現象經常用來量測各種與長度相關的物理量，如光速、重力，以及各種基本物理量。因為光波本身長度的尺度已經是次微米等級，它也就是大自然給予的一支超精密尺。若能附加運用一些實驗技巧，就可以達到更精密的奈米、飛米，或更小的尺度。

重力波干涉儀基本上就是一個超大的邁克森干涉儀，光臂長達數百公尺到數公里等級。光臂越長，能偵測的相對長度變化就越靈敏，LIGO的光臂長達4公里。LIGO同時也改良強化了傳統的邁克森干涉儀，主要是增加了兩個輸入鏡片（或稱為輸入端測試質量，input test mass），將兩個光臂進化為兩個「法布立－培若共振腔」（Fabry-Pérot cavity），讓雷射光可以在鏡片之間來回反射達280次，等效上將光臂加長了280倍，也就是1120公里！重力波

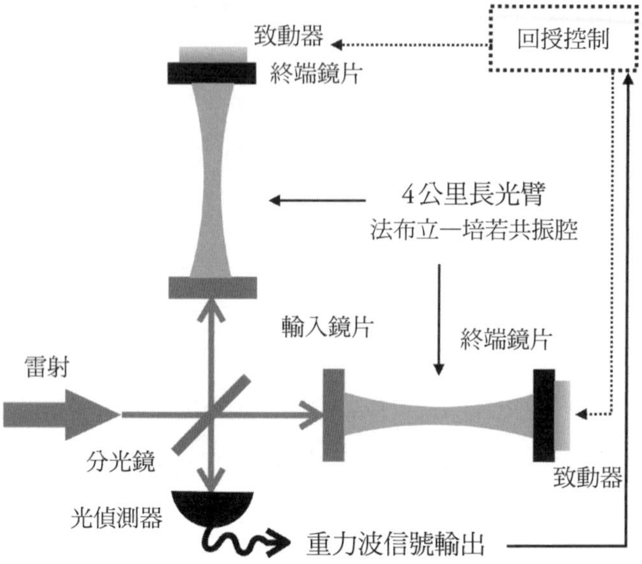

干涉儀經由上述的干涉造成的明暗，偵測到鏡片間長度變化，一旦長度有變化，就會透過回饋機制修正鏡片的位置，抵銷改變長度的外在力量。外在干擾力量越大，回饋的信號就越大。於是，記錄下回饋信號的大小，就可以得知外在干擾力量的大小。維持在這樣的「干擾－回饋－修正」的狀態下，稱之為「鎖定」。只有處在這樣的狀態之下（科學模式），干涉儀才能進行量測。它所得到的原始數據，也就是鎖定狀態下的回饋信號，那是一連串高高低低，快速變化的數字串流。用圖形表示的話，看起來就是一堆雜草般線條。

＊＊＊

關於閱讀本書，以下提出三種不同的視角。首先是一般讀者，不論是科學或是人文背景的讀者，都可以透過作者深入淺出的介紹，了解重力波研究工作與背後的故事；再來是物理相關科系學生，本書對現代實驗物理的深刻探討，涉及許多實驗物理學家日常工作的原則與方法，具有物理相關訓練，特別是有意要從事前沿實驗物理工作者，本書可謂入門書籍。特別是書中指出牛頓科學模型並不具有科學代表性，其意義值得深思。

第三類讀者是科技與社會相關領域者。本書不只可視為科學社會學田野調查方法論的教材，也是一本對第二波科技與社會研究的社會建構論反思之作。在一連串的重力波偵測事件中，注意作者何以特別選擇了秋分事件，正是因為它觸及了科學社會學的幾個重要議題，例如**即便在物理學界，確認所「發現」是一件相當困難的事，是謂在發現的邊緣上**。造成前述干涉儀鏡片間距離改變的因素，除了重力波之外，還有很多其他因素，例如地震、車輛、爆炸⋯⋯，都會造成地面或大或小的震動，使得它感染上雜訊。解決振動問題的方式，實驗上首先要建立極為穩定的機械裝置與懸吊系統，進而穩定鏡片的位置。不過，仍然有很多振動干擾的雜訊，並無法以實驗儀器的手段加以排除。這些雜訊，因為來自外部對鏡片所造成的瞬間晃動，所以看起來就像是一根一根突起的小針，即是本書中所說的「瞬變干擾」(glitch)。這些「瞬變干擾」只能透過「事後」「離線」(off line)的各種數學統計、演算法，與波形配對方法加以濾除，才能解析出真正的重力波信號。有各種不同數據分析手法的組合，一套組合稱為一個分析程序（pipeline）。雖然這些分析手法是根據物理原理與儀器特性等所擬定，但是仍有相當大的人為介入空間，例如個人的喜好與成見，就可能會造成數據分析的偏置（bias）。這樣的偏置如何避免？可能避免嗎？這些手段方法的探討，以及所衍生出的科學社會學，與科學哲學的意涵，構成了本書一個主軸。柯林斯試圖揭示「量化」的中性表象背後，人為判斷的關鍵角色。

其次，柯林斯對於重力波偵測之父給予歷史新定位，一來指出科學社群在實驗方法上的爭辯或是對立，以此案例說明其實與經費補助爭取有相當大關聯性。二來推崇科學家的硬頸精神，為其第三波理論找到紮實的論據。偵測重力波的實驗方法與儀器設備，如今已被加以確認與驗證可行，這一切都源起於勇敢的科學冒險家，約瑟夫．韋伯。他在四十年前勇於投入重力波物理，其難度或可對應於當代登陸火星的規畫。雖然韋伯晚年在物理學界處處受到排擠，一直到他死後，其投射出的陰影依然籠罩著整個重力波物理學界。*對於這個糾結地描述，構成本書前三分之一的主題，同時也是貫穿本書的主軸。韋伯的名聲在當年雖然毀壞殆盡，柯林斯卻重新評價他在重力波物理上的貢獻。本書寫作於2009年，竟準確地預測了韋伯在2016年的歷史重新定位，宛如

* 他惹人爭議的行事作風，與 LIGO計畫團隊的衝突，特別是新舊儀器的爭執，參見柯林斯（Collins 2004）。

精準的預言書。韋伯逝世於2000年，他對重力波的貢獻，逐漸受到認可，甚至被稱為重力波偵測之父，特別是他的實驗儀器還是重力棒舊技術。為表彰他的貢獻，在LIGO於2016年舉行的重力波首次偵測記者會上，韋伯的妻子維吉尼亞・路易絲・特伯爾（Virginia Louise Trimble）受邀出席，坐在第一排的貴賓席上，柯林斯推波助瀾之功，不可忽視。

當然，自70年代興起的科技與社會（Science, Technology, and Society, STS），至今成為一個影響力重大的跨領域學科，柯林斯在整個思潮的興起與承接上亦扮演著重要角色。他以重力波研究為基礎，對現代社會中專家與專業應該扮演的角色提出看法。當今科技對社會生活的滲透日益深刻，科技政策往往關聯到政治，該如何看待科學、技術、專家？全面接受？斷然排斥？公民科學與常民專家是否可能？這些問題皆可從本書的田野方法中得到啟發。

* * *

最後，則是關於重力波偵測這一個跨國的超大型計畫現況。當前全球的重力波干涉儀，除了LIGO（美國）之外，還有Virgo（義大利與法國），規模較小的GEO 600（德國與英國），建造中的KAGRA（日本），以及計畫中的印度LIGO。未來當這幾個偵測器同時運作時，就可以形成一個重力波偵測網絡，利用三角定位法標定出重力波源的正確位置。國立清華大學物理系與天文所也參與了日本的KAGRA重力波團隊，成為全球重力波偵測網絡的一員，此為譯者之一劉怡維翻譯本書的重要動機。其次，回顧台灣科技與社會研究相關書籍，科學一詞雖然朗朗上口，有關跨國大型科學研究計畫的實驗實作書籍，實屬不多，也讓另一位譯者秦先玉加入參與翻譯本書。

本書中譯本的完成，感謝左岸文化出版社黃秀如總編慧眼視重力波；孫德齡編輯對於譯稿的潤飾，使其更為親近易讀；特別是她對於多次修訂稿的包容與時間上給予的寬限。推介這樣一本科學社會學視野的科普翻譯著作，尋找出版社的過程著實費力，感謝陽明大學社會與科技研究所特聘教授傅大為老師的推薦與鼓勵。期間先後也得到許多人的協助：劉兵、呂欣怡、李尚仁、陳信行、林正慧、劉夏如、雷祥麟、王文基、陳瑞麟等諸位師友，在此一併表達謝意。

前言

Introduction

現在是2009年3月19日，美國西岸時間下午兩點十分，我動筆寫下這本書的第一個句子。離飛回英國還有一、兩個小時，我正坐在洛杉磯機場，才剛從加州小鎮阿卡迪亞（Arcadia）過來，在那參加了「LIGO科學合作團隊與Virgo」會議。這個超過六、七百人的團隊，持續使用耗資數億美元的儀器，嘗試偵測重力波的存在。這些「上線」數年的巨型機器已經蒐集了許多數據，剛開始進行分析；而其中不一定有重力波的徵兆。本次會議的高潮是「打開那只信封」——2007年秋季以來，這件事已讓我與重力波社群多數成員，提心吊膽了十八個月。

「信封」藏有「盲植」（blind injection）的祕密。所謂盲植，是指在LIGO（雷射干涉儀重力波觀測站，the Laser Interferometer Gravitational-Wave Observatory）內的數據流中，可能引入假信號。這個想法是要看物理學家們能否發現這些假信號。會議之前，只有植入信號的兩個人知道此祕密，[1] 他們受命根據隨機碼植入假的

1 我也一直以為如此，直到LIGO的執行主任杰．馬克思（Jay Marx）後來告訴我（私人通信，2009年10月）他從一開始就知道這個祕密，然後在之後整整十八個月一直擺著一張撲克臉——這表演功力真是讓人無話可說。

重力波信號，信號的形狀、強度，與植入的數量乃隨機決定。有一種可能是根本沒有植入任何信號；另一種則是植入一、兩個，或甚至三個信號。這取決於在數據中引人臆測的部分是否其實只是盲植，與置入的盲植是否引起任何臆測。今天是星期四，我和其餘社群成員是在上星期一那場令人神經緊繃的會議中，才被告知了真相。各位也會像我們一樣，在讀完此書之前，終將知道信封裡的內容。要從本書獲得最大益處，我會建議別直接翻到最後一頁——要像我和物理學家們一樣身歷其境；本著「這是啥」（whatwosit）的精神來讀，把它當成一本物理學偵探小說來讀，追問著「是誰幹的」（whodunit）？[2]

我從1972年開始記錄重力波偵測史，這本書詳述了其中的一部分。[3]1994年我進行第二期深度參與，得以獲得越來越多深入這領域的權力，以一個局外人具有特權、與可能是獨一無二的身分，獲知這充滿活力的科學團隊為一個科學發現奮鬥的內部討論。除了禮貌的態度與知所進退，我所揭露的事情沒有受到任何限制。

一直到90年代中期隱藏式數位錄音機的發明，運用行動者當下所言來說故事，才成為可能，而這在此書發揮了重要的作用。有了這樣的設備，我可以靜靜坐在房間的一角，我所要報導

2　我禮貌地要求審查人也不要洩漏這個祕密。

3　從一開始到大約2003年這段期間的描述，可參見我的另一本著作，《重力的陰影》，或是http:// www.cf.ac.uk/socsi/gravwave。

的事正在發生，我可以用我的筆電做筆記，並將任何聽起來很有趣的事錄下來。當然，我獲准名正言順地做這些事，也是值得記上一筆。與重力波社群成員建立信任和同僚情誼，是個漫長與緩慢的過程，但對我來說那不是個沉重的壓力，反而是研究工作的一種獎勵。科學家們為什麼允許我如此做？畢竟，我可能會寫出一些讓他們難堪的東西。這是因為他們相信學術企業精神（academic enterprise）[*]，理解這類允許是正確的，即使它會讓人不太舒服。從肯定科學家的正面角度，任何可以接受像我這樣的局外人聆聽其私密討論內容的，就是一個可以信任的團體。而我大概是唯一正在做這類事的人，這才是整件事不可思議之處。[4]

這些年來，我已經愛上重力波探測物理和參與其中的人。作為科學社會學家，我探究過不少領域，但會以重力波田野調查為長期研究志業，是因為較之所有我關注過的領域，它更讓我有家的感覺。這些物理學家為自己設定了幾乎是不可能的任務，同時就算是運氣好，也要耗費一生才能完成。他們僅要微薄的財務回饋，卻願意耗費生命面對永無止盡的挫折與失望，只期望能對世界運作之道增加一絲絲的了解，而我發現自己在這樣的群體中是愉快的。每逢絕望和遇到蠢事時，重力波物理學社群的案例，再度重新燃起我對科學和社會科學世界的信心。諷刺的是，如本書

* 譯註：開放、進取、創新與社會責任。

4 試想，若讓我這樣的角色旁聽其內部協議，某些商業利益驅動下的科學可能會變得不同嗎？假如讓更多由國家稅收或私人資助的大型科學事業有這樣的紀錄，不是更好嗎？

所呈現，它有助於我相信，無論在理論上還是在生活中，尋求真理的高標準，比學術界的**現實政治**（*realpolitik*）來得好。在本書的「跋」（Envoi）中，我嘗試將這點提升為一種政治哲學，指出我們應如何生活與進行評斷，科學誠信或可作為一種典範。

我所描述的反諷是指科學家太過努力，以致無法達到完美。在21世紀，也許最好容許揭露這**竭力而為**的不完美——重力波探測物理學無疑就是——而非加以掩飾。長久以來，牛頓物理學與其後繼者，相對論、量子物理學，與高能物理學的這些模型，引導或誤導了我們對於科學本質的哲學理解。精確的定量預測是這些科學的黃金標準，而藉由高階統計顯著性的宣稱，讓這個標準在近幾年受到全面性的肯定。然而，回顧這些勝利帶給我們的，卻是一個對我們能如何理解這世界毫無根據的模型。

有兩個地方出了問題，第一個是牛頓模型所應用到的領域。它的確占據了我們對科學絕大部分的想像，但那在科學實業中只不過是個微小、沒什麼代表性的角落罷了。想想長期天氣預報、氣候學、行為科學，與經濟學吧，幾乎所有的科學都是一團亂。尺度非常大與非常小的科學，其巧妙就是外面沒有發生什麼，裡面也沒有發生什麼；地球以外的地方沒有太多的東西；下至次原子粒子之間的空間裡也沒有。這就是為什麼天文學、天體物理學和宇宙學、量子和高能物理學，是如此簡單；這就是為什麼它們似乎更容易符合理想化模型。我們大多數人是在這樣的極大之下與極小之上，一天又一天地過著，很多東西幾乎不可能有確切的預測。所以就統計意義而言，牛頓模型並不具有科學代表性，更不用說平民迫切關注的科學代表性。

第二個出問題的地方在於，牛頓模型的自我描述甚至不是正確的。那些勝利敘說要不是後見之明，要不就是指涉那些歷經百錯而在技術上無虞，幾已臻於完備的科學——其可靠度或許尚未達標，但正朝向如你的冰箱或汽車的程度邁進。一種具有揭示性質的科學——這樣的科學已經準備好向世人展現，如何從冥頑的自然中榨取出對它的理解，這種帶有揭示性質的科學是打頭陣的科學，在這裡有些事正第一次展開，錯誤一個接一個地冒出來。就這一面向而言，重力波探測物理學是一個真正的科學。有些事首次正在這裡開始。

前沿科學與那些技術發展完備科學之間的對照是本書主要的分析支點，而社會學家刻意地帶點距離的觀點可能有助於凸顯這一點。另一方面，這個來自社會學的視角，至少到目前為止是與科學本身的窘境有關，並非科學的社會角色，而這些觀點與本書研究的科學團隊中某些成員的看法沒有什麼不同。社會學的貢獻也許就是簡明地以系統化的方式提出論證，並將它們連結到更廣泛的議題。

其中的某些看法也許會惹惱那些成長於科學與技術研究、或「科學研究」（science studies）傳統的人；這項學門從1970年代初期就已經開始了。科學理想模式的「解構」一直是其主要基調。如前所提，理想化的模型甚至不是一個對牛頓科學，以及與其相似科學的恰當描述，這個新理解是上述學術運動下的產物，而這個運動我從一開始就參與其中。這些看法必須從所謂「第三波」科學研究的模型來理解。[5]第一波將科學視為知識生產的卓越形式，科學哲學梳理出其邏輯，而科學的社會研究就是找出社會能如何最適當地培育它。第二波使用了各種懷疑論工具——從哲學分析到科學實驗室日常生活的詳細實證研究——闡明先前位居主導地位的科學模式是錯誤的，那些佐證它的諸多科學成果案例都過於簡化。例如1887年的邁克森－莫雷實驗（Michelson-Morley），這個實驗常被描述成已展現了光速恆定的原理，然而實際上，科學家們爭議了五十年才同意該結果具有堅實的實證基礎。[6]本書大部分是第二波的科學研究，我將呈現即便在物理學界，確認所發現是多麼困難的一件事。

第二波顯示了懷疑論應用時準邏輯的不可避免性，當涉及知識的形成，就哲學或實作上而言，科學並沒有明顯的特殊保證。近來受到倡議的第三波科學研究認可了這一點，但認為現代社會進行決策仍須以技術作為基礎。因此，第三波旨在尋找建立科學導向思考之價值的另一種方式，而我們幾乎必定會將其視為技術判斷的核心。替代方案則是專業（expertise）的分析。[7]第三波明確指出，關於自然世界的知識，科學仍舊是我們所擁有最好的工具——雖然第二波的邏輯展現了如何「解構」科學的真理宣稱。[8]即使不能仔細地描述，或很邏輯性地分析，但無可辯駁地，科

5 Collins and Evans 2002, 2007.

6 Collins and Pinch 1998a.

7 Collins and Evans 2007.

學程序仍是形成技術知識，最有價值的模型。雖然（或許）事實上，所謂的發現是必須藉由人類的技術判斷，從不確定的迷霧中奮力取得，而重力波物理學是人類能夠，也應該盡力的一個案例。

8　本書討論了另一件與當代科學研究不是那麼容易契合的事，那就是重力波物理學可與其他被視為較完美的科學（如高能物理學）進行對照。儘管我們已經清楚知道科學的核心並不存在完美，但兩種科學間的對比仍不失為一個有用的方法，只要用下述的精神來想就可以理解：與明日的天氣會像今日的天氣這種預測相比，太陽將在明早升起是比較確定的，儘管兩者都有歸納推理上的問題。

CHAPTER

1

重力波探測

GRAVITATIONAL WAVE DETECTION

重力波探測簡史

1993年諾貝爾物理學獎，頒給歷經數年觀測出雙星系統軌道速度以緩慢方式衰減，並導出其衰減與重力波發射一致的實驗。然而，我們這裡所關注的重力波偵測是它對地面偵測器「直接」影響的結果，而非其對星球的影響。熟知內情的人士認為，第一個無可爭議的直接偵測會發生在六到十年後，而這距離該領域的先驅約瑟夫·韋伯首次宣稱看到它們，已經過了幾乎整整五十年。他的宣稱並非毫無爭議。從1960年代末期以來大約有半打讓人疑信參半的宣稱，說自己已經看到了重力波，韋伯就是其中之一。但物理學界大多數成員已將其歸之為「錯誤」。[1]在外人眼中，這個領域的名聲要不是不可靠，要不就是碎弱得不堪一擊，重力波研究社群因此而生的羞愧感，即使在兩造的抗力平衡下，經常是以很強烈的態度否定這些成果。就連這個學術企業的新進者也必須為花費上億美元在超大儀器這一點上加以辯護——

1　這本書是（至少）三本系列作中的第二本，可以獨立於系列閱讀。系列的第一本是《重力的陰影》，是初始嘗試重力波探測的社會史，該書述說的是一個引人入勝的故事，涵蓋了充滿爭議的科學宣稱，以及從小科學到大科學與干涉儀技術。《重力的陰影》一書描述的時間是寫到2003年左右。第三本（*Big Dog*）則是關於重力波達到無可爭議的科學宣稱。本書的參考文獻極少，讀者若感到有需要追溯重力波探測歷史的原始資料，或這裡所討論的科學研究背景，應該參考《重力的陰影》一書。（譯註：截至2018年已有四本，除了本書，另外三本分別是《重力的陰影》〔*Gravity's Shadow*〕、《重力的幽靈和大狗》〔*Gravity' Ghost and Big Dog*〕，與《重力的親吻》〔*Gravity's Kiss*〕。）

這裡指的就是那台巨型「干涉儀」——他們認為這最終將能夠得出確實的偵測，並且足以彌補過去的錯誤；如果廉價舊技術真的可以看到重力波，新的就失去其必要性，因此必須損害廉價舊技術的信譽。

舊技術的支持者強烈反對自己的計畫遭到摧毀，從而導致雙方徹底的對立。[2]後果就是，幾十年來大多數干涉儀科學家的創造動能都被導向發現缺陷；他們主要做的變成是在呈現對手或爾後他們自己的偵測器中的這個或那個推定信號，實際上只是雜訊。這種負面心態問題已成為一種主要特徵，而這就是本書接下來所要關注的問題。在阿卡迪亞會議中，這段苦澀的歷史瀰漫在走廊裡，幾乎觸手可及。

韋伯與重力棒

約瑟夫・韋伯（Joseph Weber）是馬里蘭大學的物理學家，在1950年代開始構思如何偵測愛因斯坦理論中的重力波預測。重力波是指因質量的位置快速變化所引起的時空漣漪，但它們相當微弱，只有宇宙中發生非常巨大的變化，例如恆星或黑洞的碰撞或爆炸，才有可能在地球表面產生足以被偵測到的輻射。要嘗試偵測重力波需要過人的想像力、做實驗的天賦，和英雄般的愚

2　在奇數章節會有更多關於這場戰鬥的描述，並提供背景與評論。偶數章節則以述說故事為主。

勇。韋伯具備了合適的素質，他建造了一系列的偵測器，一部比一部靈敏；60年代末，他開始宣稱自己看見了重力波。

韋伯的實驗設計是基於時空漣漪會引起一大塊金屬振動，從而可被感測。他建造了重達數噸的鋁合金圓柱，並設計可產生共振的效果——如同敲響了與天空波源發出有可能相似頻率的鐘鳴。每一個關於這些波的能量計算，以及它們可能與韋伯的偵測器產生交互作用的方式，都暗示這個實驗沒有一點希望，一開始韋伯也不認為自己有希望。但他依然堅持下去。

韋伯讓這個鋁合金圓柱與所有可以想到的力量絕緣，但要看到重力波，它必須偵測到大小為10^{-15}公尺，也就是原子核直徑等級，甚或比這個更小的圓柱長度變化。然而，不管如何小心地使其絕緣，這種規模的震動在金屬中一直存在。關鍵是，韋伯建造了兩個圓柱設備，並將它們分開放置，兩者距離大約一千英里；然後比較兩個圓柱的振動。韋伯當時的想法是，要讓兩個偵測器正巧同時發生脈衝，也只有像重力波這種，來自遠處的力量，才有可能促使其發生。

兩個圓柱有可能受到隨機的振動干擾，必然會有巧合的脈衝發生，這是偶然性的結果。但韋伯使用了一個非常聰明的分析法。他用的是一種叫做「延遲直方圖」（delay histogram）的方法，也就是時下所謂的「時間滑動」（time slide）或「時移」（time shift），四十年來這種方法始終是探測重力波的核心之道，在可預見的未來也仍是如此。想像一下，偵測器在一張延展開的細長紙條上畫下輸出信號，就像一台記錄一天溫度變化過程的機器，但在這個例子，感測振動是一微秒接著一微秒；它畫出的將是一條有著各種不同大小脈衝的扭曲線條。將兩張來自不同偵測器的長紙條並列，看著兩條歪歪扭扭的線，並特別留意大脈衝巧合的時間點。這些**時間巧合**（coincidences）可能是由同一個外界干擾引發，如重力波，或只是一個隨機卻同時發生在兩個偵測器的**雜訊**（noise）。這裡就要說到韋伯的聰明之處了：把一張長紙條移動一下，並再做一次大脈衝比對。由於兩張紙條在時間上不再對應，此時再發現的任何巧合都只會是偶然的。透過重複幾次這樣的過程，利用一連串不同的時間滑動，就可以對有多少**時間巧合**僅是由隨機偶然造成的，有個清楚的概念，進而建立「背景雜訊」圖像。一個正確的信號將會以真正時間巧合脈衝數的過量呈現，也就是其時間巧合脈衝數，會超過從時間滑動產生的背景雜訊估計量。

時間滑動也可以稱之為「延遲」。用韋伯的話來說，就是信號將會以一個「零延遲」（zero-delay）的過量呈現出來。今日，科學家尋找的已非一個零延遲的「過量」，而是在不同偵測器信號之間孤立的時間巧合。儘管如此，計算出這些時間巧合可能為真，而非隨機出現的雜訊，仍是以背景雜訊估計為基礎，而背景雜訊估計是使用了近似於韋伯首先提出的方法所得到的。

韋伯在1960與1970年代交替之際發表了一些論文，宣稱他已經偵測到重力波，其他團體試圖重複他的觀測，卻沒有成功。大約到了1975年，韋伯的說法在很大程度上已經失去了信譽，而這個領域仍繼續向前挺進。韋伯的偵測器設計仍然是大多數新建實驗工作的基礎，但更進階的實驗則提高了靈敏度，並經由液態氦冷卻的方法降低了「重力棒」的背景雜訊。大多數的實驗會冷卻至2度到4度的絕對零度之間，之中有一、兩個團隊試圖冷卻到距離絕對零度只有幾毫度的差距。整體來說，直到2000年代初，這樣的「低溫棒」(cryogenic bars)都是該領域的主導技術。只有兩個團隊仍對韋伯的說法抱持信念，一個在弗拉斯卡蒂(Frascati)，有時被稱為「羅馬集團」或「義大利人」，另一個是澳大利亞團隊，他們提出了大多數重力波科學家認為是錯誤的成果——而這個觀點現在幾乎不可能推翻了。

除了特立獨行的韋伯支持群之外，幾乎每個人都開始相信，實際上，除了雜訊，韋伯真的什麼也沒看到，而他有意無意地以此謬誤的方式操弄他的數據，使其顯示為有信號產生。除非十分小心，不然這種事很容易發生。韋伯在自己犯了一些可怕的錯誤時並沒有加以挽救。早期他聲稱自己偵測到的信號強度週期為二十四小時，但若適當地考慮到重力波對地球的穿透性，推斷出的正確時間應該是十二小時才對。不知怎的，就在這點被指出後不久，在韋伯的討論和論文中，週期就神祕地變成了十二小時，而這導致一些人開始關注其數據分析的誠信問題。[3]他還發現了一個理想結果，但事實上這結果應該要被排除在外，因為它是由電腦錯誤所造成的。而最該受到譴責的是，韋伯聲稱在他的重力棒和另一組的重力棒之間，有零延遲時間巧合信號的過量，結果只

3　有關對這個批評重新地審視回顧，見第五章註6(頁171)。

是一個關於時間標準的錯誤，也就是兩個拿來比較的信號流實際上存在約四個小時的差距，所以不應該看到時間巧合。

對韋伯的實驗天賦深具信心的人認為，這是任何人都有可能犯的錯誤，但那些不怎麼寬容的人則是用這些事件摧毀他的可信度。韋伯危機處理的方式又對他的處境造成進一步的傷害。他並沒有迅速、得體地接受責備，而是傾向把它擱在一邊，這種處理方式傷害了他的可信度。韋伯的聲譽跌至谷底，重力波社群試圖說服他應該承認自己自始至終都錯了，好讓他們能表揚他的冒險精神和許多發明與創新。但他從未降伏。

韋伯於2000年過世，他堅持自己的結果是正確的直到最後一刻，甚至還在1996年發表了再次確證的論文——只是沒什麼人讀它罷了。韋伯是一個多姿多彩而且個性堅定的人物，沒有他，幾乎可以肯定地說不會有之後耗費數十億美元的新式重力波探測科學。我聽過有人把韋伯描述為英雄、傻瓜，還有騙子。現在，我覺得他的聲勢又起來了，既然他本人不再到處與每一個不相信其初期發現的人爭辯，那麼表揚他打先鋒的開拓之功也就變得比較容易了。我相信他是一個真正的科學英雄，他的英雄主義部分表現在他拒絕承認自己錯了；相信自己所做的，為了短時間內專業上的認可而投降，並不是一個「正宗」(authentic)的科學行為。那些偵測到重力波的發表幾乎肯定會被留在物理學的垃圾桶裡，但這則是另一件事了。[4]

4　但毫無疑問，會有想讓它們復活的企圖。2009年3月2日，有一篇題為「1987

曾有一段時間，韋伯是全世界最著名的科學家，大家公認他以一個驚人的、可說是**神乎其技**（tour de force）的實驗發現了重力波。而現在許多科學家認為韋伯的宣稱為物理學帶來了恥辱。重力波探測後續大部分的歷史解讀，勢必得考量之前發生過的種種。

在大多數科學家認為韋伯已經名譽掃地後的一段時間，有一個總部設在羅馬附近的團隊，發表或公布了好幾篇論文，宣稱他們看到了重力波。之後本書會經常提及這個團隊。他們提出這些宣稱是基於羅馬與日內瓦兩地的低溫棒之間的時間巧合，以及這兩支低溫棒與澳洲低溫棒之間的時間巧合，還有該團隊的原始室溫棒與韋伯的室溫棒[5]之間的時間巧合。對於這些宣稱，重力波社群其他的成員們有時選擇忽略，有時則憤怒以對。

我相信，並已在更完整的重力波史中嘗試說明這種憤怒在一定程度上與爭取獎助，以建立新一代更昂貴的偵測器有關。也就是今日在重力波研究中執牛耳的干涉儀。像韋伯這樣的實驗只要花個十萬美元就夠了，然而要設置美國雷射干涉儀重力波觀測站的花費可得以大約幾億美元起跳。如果用這金額的零頭就能偵

年首次偵測到重力波？」發布在電子論文預印本服務器arXiv（arxiv.org / abs/0903.0252），提到阿什加爾．卡迪爾（Asghar Qadir）的一篇文章，頗有挽救韋伯某個主張的潛力。我發現，這又是一篇受到重力波物理學界忽視的論文，儘管其若為真，會具有改變事態的極大潛力。有關約瑟夫．韋伯論文的相關事件，參閱《重力的陰影》第十一和二十一章。

5 雖然韋伯獲得資助得以展開這個計畫，但卻從未成功建造出低溫棒。

測到重力波，還要要求提供資金給大設備這點就很難自圓其說。韋伯就曾為了此事，寫信與他的國會代表爭辯。因此，強調重力棒無法達成韋伯和羅馬團隊所聲稱的任務，具有政治上的，同時也是科學上的必要。幾乎每一個與這些儀器運作有關的理論都認為，干涉儀將會比棒偵測器靈敏度好上幾個數量級；也幾乎每一個與天空中重力波源分布和強度有關的理論都認為，只有干涉儀才有機會看到重力波。此外，即使是第一代這種比較昂貴的設備，也頂多只能看到一或兩個事件。天文物理學家之間的共識是，以重力棒（包括低溫棒）可以看到的重力輻射強度，天空是黑色的。但就第一代干涉儀而言，也許一年一次，可能可以看到天空發出微弱的閃爍。重力波天文學所諾許的時代，包括觀察到不同強度和波形的許多不同訊源，有助於增進對天文物理的了解，但除非第二代或第三代干涉儀上線運作，否則這項許諾並不會到來。只有重力波天文學的諾許才足以正當化干涉儀如此巨額的花費，而不是首次的重力波發現。

因此，低溫棒和干涉儀之間即將開展的戰爭已經搭好了舞台。重力棒的一方由羅馬集團領導。有些重力棒團隊，例如那些總部設在路易斯安那州和帕多瓦（Padua）附近萊尼亞羅（Legnaro）的，接受干涉儀團隊的看法，並認同恪守天際模型（a model of the sky）執行數據分析處理程序，在這裡信號不但稀少，而且強大。這一方面排除了任何偵測到近乎雜訊般微弱信號的機會，同時另一方面，它可能已經被用來作為微調數據處理程序的基礎。這是重力棒團隊最後的機會——或許也是唯一的出路，他們必須理解，自己宣稱偵測到的任何微弱信號，都要好到足以通過更嚴苛的統計檢驗。[6]但羅馬團隊不準備接受那令人沮喪的天文物理學預測，並動用實驗者的權力，即不帶理論偏見地看待這個世界。如果羅馬團隊發現一些時間巧合，而其不會立刻被視為雜訊，他們可以立足於此實驗證據，當場打臉該理論。他們一定會斷然地這麼做——這是本著約瑟夫・韋伯的精神。他們不願意把所有的精力耗在清楚解釋每一個判定出來的信號，僅僅因為它在理論上被認為不可能。因此，他們掀起了一段「失敗」偵測宣稱的歷史，並持續到21世紀，而且以這樣的方式，把尖牙和肌肉賦予了潛伏在阿卡迪亞走廊上的歷史怪物。

干涉儀

有五個運作中的干涉儀在這故事裡擔綱演出。干涉儀的尺寸是以其臂長為度量。最小的設施是德國－英國的GEO 600，600公尺臂長，設置地點靠近德國的漢諾威。Virgo是法國－義大利的設施，3公里長，位在托斯卡尼，靠近比薩一帶。最大的是兩個4公里長的LIGO干涉儀，名為L1和H1，分別位於路易斯安那州利文斯頓，巴頓魯治附近，以及華盛頓州的漢福德核子保留

6 這大致就是亞思頓（Astone）等人2002年一文中的案例（見下文）。然而，在那個案例中，這種微調整導致他們在第二個觀察期間沒有發現信號，因此在實驗上否證了他們宣稱的暫時性——這似乎是一種做科學研究的合理方法。

區。與H1位於同一廠址的還有H2，這是一個2公里長的LIGO裝置。

干涉儀有兩支成直角的光臂。雷射光束順著光臂發射，並被鏡子反射回來。兩臂中間的光束於中央控制站結合前，可以來回反射上百次左右。照這樣運作，如果重新結合光束的形貌改變了，就表示兩個光臂間相對長度的改變——一個可能因重力波通過而引起的改變。因此，在重新結合的光束所造成的光變化模式中，應該可看到傳遞通過重力波的「波形」。

光臂越長，臂長變化越大，也使得它們更容易被看到。因此，在其他條件相同的情況下，大的干涉儀會比小的更靈敏。但就以偵測到理論預測的重力波而言，即便是在最大的干涉儀，4公里距離所看到的臂長變化，也只有約原子核直徑的千分之一（即 10^{-18} 公尺）。正是如此，他們所進行的工作像是近乎某種奇蹟，所謂的「工作」（working）並不必然意味著探測重力波，而是指能夠測量這些微小的變化。

LIGO是在面臨強烈反對的情況下獲得資助，有些科學家認定了這個裝置永遠不可能運轉。我有幸目睹LIGO干涉儀建造的各個階段，大部分時刻我也不認為它們可以運轉，而就算身處於熟悉技術的群體，這樣的看法也並非唯一。雖然延宕了兩、三年，看到實驗技巧如何成功地造成第一個試探性的跡象出現，以及觀察到靈敏度是如何慢慢增加到合於設計的規格，這一直是我生命中最令人興奮的經驗之一——當然，也許最後偵測到重力波時會更令人興奮吧。但即使是現在，大干涉儀也絕對不是一台十全十美的機器，正如我們看到的，它們仍然會被無法判別的雜訊源所困擾，而這讓其有效範圍比經由計算一個個元件的個別性能所得到的結果還小。

範圍至關重要。我們無法預知可在地表重力波偵測器上現形的天文物理事件，而這些事件在任何已發現有星系的地方都有可能發生。範圍越大，就有越多星系可被含括在搜索範圍之內，也就有更好的機會得以看到重力波。星系的數目，也就是可看到的潛在爆炸或碰撞的數目，與可進行勘測的空間**體積**成正比。此體積是一個以地球為中心的球體，它包含的恆星與星系數目大致與半徑的立方成正比——這個半徑就是所謂的範圍。因此，範圍上的小幅增加，可換得潛在偵測數相當大比例的提高；如果範圍增加兩倍，潛在事件的數目將增加八倍；如果範圍乘以十（如同下一代LIGO偵測器所保證的），潛在的來源數會增加一千倍。當這種情況出現時，重力波**天文學**的允諾就有可能實現。

GEO 600的臂長相對來說較短，再加上一些其他的問題，因此在這本書中占的戲分不多。Virgo的光臂即使只有3公里，不及大LIGO——L1與H1的4公里那麼長，但由於它含括了巧妙的設計面向，應該會在低頻的範圍內有更好的表現潛力；也因此，相較於其單獨在高頻範圍內可能會有的成績，Virgo對整個偵測程序反而有比較重要的貢獻。不幸的是，低頻範圍的設計進展緩慢——低頻總是更困難一些——總地來說，比起技術限制，Virgo的發展受到比預期更嚴重的延誤，導致靈敏度大大落後LIGO。這竟然將對故事有著間接的重要性。

臂長2公里的干涉儀H2是個異數。可宣稱偵測到重力波的關鍵因素之一，是距離遙遠的兩台偵測器之間，時間巧合信號的出現。GEO 600鄰近漢諾威、Virgo在比薩附近、L1靠近巴頓魯治，而H1在華盛頓州的漢福德核子保留區。但H2與H1位於同一廠址，所以沒有涉及距離，這讓H2和H1之間的時間巧合比任何其他成對偵測器的時間巧合，更難以解釋。但無論如何，H2在這個故事中仍扮演著一部分的角色。

LIGO現在被稱為「初始LIGO」或「iLIGO」(Initial LIGO)，因為目前正在運轉的是它的下一代，與下0.5代。0.5代的差別在於它提早安裝了某些「進階版LIGO」(Advanced LIGO, AdLIGO)組件，所以算是「加強版LIGO」(Enhanced LIGO, eLIGO)。如果eLIGO能達到所有設計上的目的，它的範圍會有初始LIGO的兩倍，並且能夠看到多達八倍的潛在訊源。eLIGO才剛上線運轉，但在撰寫本書時已經遭遇到了一些麻煩，而那將延後它達到兩倍靈敏度的時程，且有可能讓人質疑它所能達到的功效。AdLIGO會安裝在與初始LIGO相同的真空外殼，但它有全新的組件，包括更好的反射鏡、更好鏡片懸吊裝置、更好的隔震技術，以及一個更強大的雷射。AdLIGO應該在2015年左右就要產出好的數據(編註：本書出版於2011年)，而我已經聽到有人開始為eLIGO辯解，說它的角色是AdLIGO組件的測試平台，或甚至說這本來就是它一開始存在的目的。我回想起當初要建造它時的爭辯，當時最大的壓力是來自有些科學家相信，加倍的靈敏度將會是首次重力波偵測的關鍵。但如同初始LIGO曾經承載了眾人的期待，後來卻讓人大失所望。部分資深的科學家確信eLIGO會產生預期的結果，如果沒有這些壓力，也許就不會建造這個裝置，如此一來就會延長初始LIGO的運轉時限，而不會為了新組件的安裝，這麼快地將之拆卸。另一方面，我認為如果無論如何都不會在AdLIGO上安裝使用eLIGO所需的組件，應該就不會建造eLIGO；因此，它既可以作為AdLIGO的測試平台，同時也可以憑著本身優勢作為重力波的偵測器。[7]在我的感覺是，如果eLIGO偵測到的潛在訊源總數，等於或是超過初始LIGO持續運轉到所有該安裝在AdLIGO上的組件已備好、同時應該要觀察到的數目，光這份殊榮就已經可以讓科學家們相當滿意了，或許還不只是滿意而已。要計算觀察到多少訊源，包括觀察時間乘以範圍立方體的累計。換句話說，如果eLIGO確實實現LIGO兩倍範圍的理想，那麼在eLIGO的一個月將相當於LIGO的八個月（而應該只大約相當於AdLIGO的六個小時）。

這些計算的一個特徵是占空比（duty cycle）。當干涉儀「開機」時，其實不一定處於觀測的狀態。首先，它可能處於必要的保養期。再者，太嘈雜的環境會造成偵測器處於無法達成「科學模式」的狀態。雜訊可能來自於科學家們喜歡稱之為「人為的訊源」，例如飛機低空飛過廠區、駕駛堆高機或使用氣動鑽，以及運送物

7 杰・馬克思向我指出（私人通信，2009年10月），專門為組裝eLIGO而編列的額外預算僅140萬美元，因此就整個計畫而言，額外給予一個建造偵測器的機會，似乎是正確的。

資的卡車接近，在路易斯安那州還會出現火車經過、樹木砍伐，以及石油或天然氣探勘爆破裝置災難性地爆炸——這些意外都有可能讓已經準備運作的eLIGO，得將整個偵測器關閉一、兩個月。自然事件也會造成停機。地震帶來的影響可能大到足以撼動偵測器脫離科學模式，而風暴不論是導致大浪拍打海岸、強風造成建築物的搖晃，或僅僅掃過地面，都有可能引發雜訊這類較小的影響。

會影響干涉儀的干擾有幾個層次。裝置「脫鎖」（out of lock）是其中最嚴重的一種。干涉儀的反射鏡必須隔絕地面震動的干擾，若將其固定於地面上，地面震動對反射鏡造成的干擾，會比重力波的影響大上兆倍。因此，會將鏡子懸掛在製作精良的單擺支架上，同時加上柔性垂直隔離彈簧，四周並放置液壓回饋隔離器，以抵銷大量的外部干擾。「鎖定」（lock）是一種狀態，就是讓盤根錯節的必要回饋電路控制反射鏡的振盪，使其維持在一定程度的平衡，如此反射鏡呈現靜止狀態，雷射光可以在鏡子之間來回反射，累積強度，並以最大的精確度來測量兩臂的相對長度。干涉儀在這種狀況下，為了保持它們不動，其電子設備必須發送到反射鏡的任何額外的電子脈衝，就是科學家們要找的量測信號。換句話說，如果反射鏡在不受外力干擾的狀態下保持完全平衡，這時任何一個重力波的輕掃可能引起的移動傾向，以及為了防止反射鏡受此輕掃影響，所需要的微弱復原力量，就是重力波形式和強度的量測。當干涉儀受到嚴重干擾，造成反射鏡的晃動變大，回饋電路無法傳輸足夠的電力給致動器（actuators），以保持雷射光在它們之間來回反射的位置，這時就會「形成脫鎖」（going out of lock）。[8]但是，即使裝置處於「鎖定」的狀態，某些時段的數據仍會被判讀成是無用的，或受損的。其次，這個問題源自外部干擾，因此即使反射鏡能維持鎖定，回饋電路中發生這麼多狀況，仍有可能因而掩蓋了重力波所造成的影響。要感知到重力波那輕輕一撫，干涉儀必得要處於「熟睡」，而非「輾轉反側」的狀態。如同所有的重力波偵測器，干涉儀就是「公主與豌豆」中的公主，而重力波則是豌豆，豌豆會以一種有意義的方式擾亂公主的睡眠，但前提是公主本來就睡得既深且安穩。

公主床墊中多餘的那塊突起就是干涉儀不要的干擾。那是經由「環境監測」網絡確認，這個網絡檢查了地面震動、電子的、音頻的，和所有其他可以想像得到的侵擾，其中也包括因內部問題所引起的干擾，像是雷射信號不穩、雜散光影響到回饋電路的感測器，或任何一種真空系統偏離穩定的狀態。這類問題只要出現任何一個，就會貼上「數據品質旗標」（data quality flag）；在大多數情況下，被旗標標示出的數據區段將會遭到「否決」（vetoed）。同樣地，理想上，這一整個流程應該是自動化的：監視器會注意到麻煩的發生，寫下旗標並且將該數據區段丟棄。但也同樣地，不能免除人為的判斷參與其中。否決要多嚴格？旗標界線太低會丟棄大量的數據，占空比將因此減少和降低，也有可能把首次發

8　Virgo比LIGO偵測器有更好的占空比，可能與Virgo巧妙且複雜的鏡面懸掛有關，因這會使其受到較少外部干擾的影響，進而導致干涉儀脫鎖。

現的信號遺落在丟棄區之內。界線太高則會令人對其結果存疑。事實是，以人為判斷為中心的制度化，是以一種不同於否決機制的方法，決定上限（upper limit）*，與判定發現候選信號。相較於處理宣稱發現了候選信號，否決機制在關於宣稱上限的處理上比較沒那麼嚴格。這是保守的行動方針。此外，還設立了三種類別、不同程度的否決機制。圖 1 是一場會議的投影片，擇要說明三種類型的否決機制特性。

當然，機器不能替自己歸類，歸類的準則仍有賴人的判斷。這些判斷中最不嚴格的否決機制是「類別三」，它的目的是要給出一個「輕碰」（light touch）的警告，而它所影響到的數據雖然在

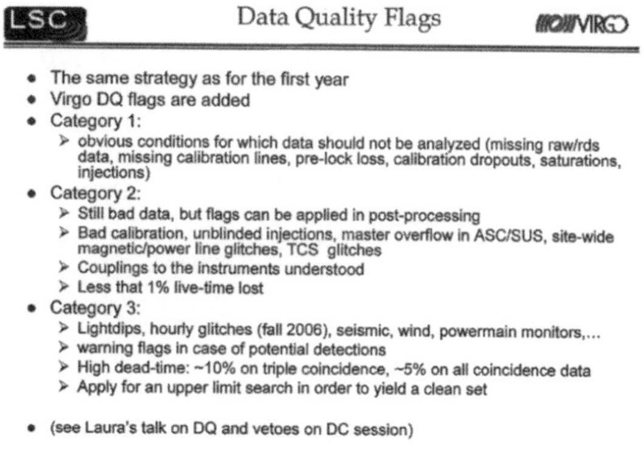

——圖 1——

否決機制的三個層次。

*　譯註：此處指沒有信號的上限。

第一次分析中不會列入考慮，但之後仍會檢查是否有其他事件顯示一個有趣信號可能受到忽略的風險。這個判斷元素將會在本書接下來的故事中加以描述。

考慮所有這些因素，初始LIGO必須運轉兩年左右，以收集相當於實際上一年的數據。在此之前，初始LIGO已在低於設計靈敏度的狀況下，有過四次原型「科學運轉」(science runs)*，所以最後的這兩年（但實際上只相當於一年）的完整運作時間，稱為「科學運轉5」(Science Run 5)或「S5」，加強版LIGO的科學運轉則將稱為「S6」。然而，就在撰寫本書當下，有跡象顯示將會有一次遠低於設計靈敏度的S6a，和接近預期的S6b。因此，當我們說若S6達到其設計靈敏度，運轉一個月將相當於S5八個月的運轉，其中所稱的「月」，指的是在科學模式下的累計運作時間。讀者們應該記住H1、L1、H2、S5和S6的縮寫，及其含意，它們將在本書中反覆出現。

一個干涉儀的範圍會以標準化的形式加以表達，至少就H1、L1和H2這三個美國的干涉儀來說是如此。一個典型重力波的來源將會是一對雙中子星生命的最終時刻。雙星的運行軌道慢慢衰減，當它們越來越接近對方，繞圈的速度也越來越快(就像滑冰選手用他們的雙臂畫圈)。在兩顆星球合併前的最後幾秒，它們將以每秒數百次的速度相互繞圈，接著加速到數千次，宛如一個快速增加的漸強音，如果你聽得到，它聽起來就像鳥鳴

* 譯註：一切設定與調整就緒，進入正式收集數據的狀態。

的一聲「啁啾」（chirp）。標準化的範圍就是偵測器可以看到這樣一個系統的距離。在這樣的系統中，兩個星球組成的質量是太陽的一點四倍，轉向在既不是特別有利，也不是特別不利方向上。它是否能被發現取決於當下的鎖定狀態、雜訊，還有數據品質，任何偵測器的範圍都在不斷地變動。從S5的中期一直到後期，L1和H1有大約14到15百萬秒差距（megaparsec, mpc）的範圍（100萬秒差距比300萬光年稍大一些），H2的範圍則大約是這個的一半——正如我們所預期的，因為它的長度也正好是其他兩個的一半。這種狀況可參見圖2，其為由實驗室所維護的電子日誌。

在大多數的日子，三條線幾乎一路橫跨整個圖表，比較上面的兩條在14到15百萬秒差距範圍幾乎重疊。壞的日子比較容易把兩條線分開，因為其中一個偵測器的範圍只有大約13百萬秒

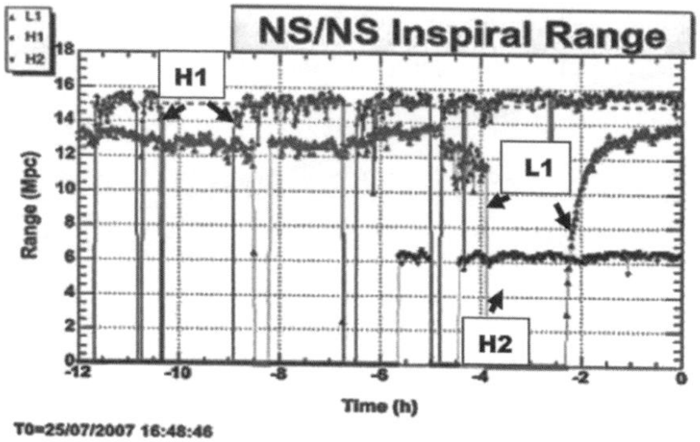

——圖2——

2007年7月25日，LIGO干涉儀在不佳十二小時內的偵測範圍。

差距。我們可以發現H2也進行得不太順利，有一半的時間整個掉了下來，在同一天的其他時刻也僅僅有稍微超過600萬秒差距的距離，而比較典型的狀況大約是維持在700萬秒差距。

因此，以LIGO在好日子的標準衡量，eLIGO試圖達到約30百萬秒差距的範圍。我在撰寫本書時聽說有科學家表示，在為了安裝AdLIGO組件而必須關閉eLIGO之前，eLIGO有希望達到20百萬秒差距。

數據分析

一個關於重力波探測科學的介紹應該要說明清楚的是，從重力波偵測器獲取數據跟讀電表是不一樣的。顯而易見的是，可否將在干涉儀上稍微有些不尋常的活動，視為與重力波接觸的結果，取決於它是否與至少一個在其他偵測器上的活動有時間上的巧合。如果還有第三、第四，或第五個偵測器，而它們對這個在自身範圍內發生的事件又具有足夠靈敏度，那麼這些偵測器也必須看到此一事件，否則它們就必須對自己為何錯過此一事件，給出一個很好的解釋。這個解釋將取決於判斷運作中偵測器的科學狀態——它們是否處於一個足夠穩定的狀態，以至於能被豌豆干擾；如果是的話，那就會。正如我們所看到的，這些考量僅僅是開始。當決定某些數據是否重要時，需要縝密再縝密的辨別能力。這些考量一直延伸到科學家分析這些數據時，他們的所為所思。這一點將在第五章解釋，這是因為統計分析以書面發表時，雖然看起來像是最純粹的數學，實則取決於分析者數十年前未發表的想法、活動和陳述詳節，而且這也影響了他們此後數十年所做之事的規畫。

所以，一個偵測並不是一個不言而明的自行「解讀」（reading），它無論如何是被裝扮過的。反映在科學水池那靜止表面的乾淨與純潔並不是自然；沒有靜止的水池，只有在永不停歇的地球上湍急流動的人類活動之流，首次偵測將是一個社會與歷史的渦流——充其量只是在歷史湍流中一個短暫的靜止。

本書故事依據的是靜止打造（stillness-making）的計畫性演習。它陳述的是一個對LIGO團隊能力的刻意測試，一個發生在S5幾近結束階段的所謂「盲植挑戰」（blind injection challenge）。兩位科學家接受了一個任務，以未知的形式和幅度，依據亂數序列將0、1、2或3個假信號植入LIGO干涉儀中：如果它們在那裡，團隊的工作就是要找到它們；但他們也一直知道有可能根本就沒有所謂的植入，因此任何判讀出的信號都有可能是真的。[9]這個冒險故事就是本書的骨幹。

9　亞倫．富蘭克林（Allan Franklin）（2009年10月的私人通信，提到他在2004年的事）指出，盲植絕不是前所未有的：「回想一下，那17keV微中子存在的宣稱往事。亞拉岡實驗（Argonne experiment）（Mortara, Ahmad et al. 1993）之所以非常具有說服力，就是他們透過成功偵測到類似的盲植事件，來證明如果真有這樣的重微中子出現，他們就能偵測到。重力波盲植的目的之一，可說是「調校」整個偵測程序。

CHAPTER

2

秋分事件：初期

THE EQUINOX EVENT: EARLY DAYS

四十多年來，重力波探測物理學的領域一直充滿了令人興奮之處。有韋伯早期的宣稱，有圍繞著「義大利人」的爭議；還有近乎奇蹟的大干涉儀正在興建，並開始運作。奇怪的是，自從2002年羅馬團隊的說法被粉碎，加上干涉儀的數據開始進來，這領域就變得有點沉悶；我發現一些科學家本身也持相同的看法。現在，那些機器正在做著它們被建造時預設要做的工作，科學家要做的事情已經變成了例行公事。他們正在努力進行一個巨大且分布廣泛的數據分析，但這一切都沒有顯示出重力波的跡象。不過這些數據並沒有浪費掉，它被用於設定一連串的上限：已經有一系列的論文告訴我們，這種或那種重力輻射的最大通量，一如預期，小於「X」。正如我們所看到的，上限讓科學繼續前進，偶爾它們會有真正的天文物理上的重要性，但對於像我一樣的局外人，和部分圈內人士而言，它們是很無聊的。「如科學家預測，LIGO看不到任何東西。」並沒有成為太多報紙的標題。

突然在2007年秋季，9月的秋分時節，對像我一樣的局外人，和很多圈內人士來說，重力波實驗的生活再度變得令人興奮。「秋分事件」（Equinox Event, EE）指的是在2007年9月21日與22日*一個LIGO干涉儀偵測到的能量脈衝時間巧合。這件事很快地明朗化，它也許是重力波的首次發現。

* 譯註：不同時區中的日期不同。

數據分析小組

在這裡我們需要暫離一下本章的主旨，多解釋一點數據分析是如何構成。如果要理解有關秋分事件的各種張力和責任，這一點是必要的。

干涉儀重力波偵測具有辨識出四種信號的潛力。除了絕對的靈敏度，干涉儀相較於重力棒偵測器最大的優勢在於，它們是「寬頻帶」（board band）。重力棒只能感測有個重力波「踢」了它們一下，除此之外不能再多做些什麼；重力棒可以感測到金屬振動含有的能量淨值的增加，但干涉儀連對它所傳遞的信號形狀以及聚集的能量都很敏感。反射鏡的移動應遵循重力波的實際模式，因為它會導致其時空的扭曲。因此，假設該信號是由一個雙星系統最後幾秒的內漩（inspiraling）所引起，由於兩星相互環繞旋轉的速度迅速增加引起的「啁啾」，每一細節都將銘刻在時空中，並且將轉而表現在鏡片距離的快速變化（或在技術上更精確地說，應該是當反射鏡面對這股力量時，為了維持鏡片的穩定不動所需要的快速變化反饋信號）。這樣的信號應該是很容易辨識的，因為相同的波形應會幾乎同時地清晰表現在兩個或更多個遠距分離的偵測器上。

一如既往，現實生活中的情況總是複雜得多，因為新的波形會與偵測器上無時不在的雜訊重疊，必須經由電腦程式所實現的精巧演算法將其提取出來。這項技術最重要的部分是「模板配對」（template matching）。目前已經建立了具有成千上萬個信號模板的巨大資料庫，分別對應不同的內漩場景。因此，會有某個模板將對應到兩個一點四倍太陽質量的中子星彼此螺旋運動的預期模式；也會有另一個模板是對應到一個一點四倍太陽質量的中子星和一個十倍太陽質量的黑洞的相互螺旋運動；還會有另一個是對應到兩個二十倍太陽質量的黑洞的……等等，在電腦可以處理的情況下，儘可能的多種組合。任何一種特定的信號很可能落在兩種模板之間，並混雜著偵測器的雜訊，所以它看起來並不會像一開始描述的那麼乾淨。分析這些信號的工作則是交給被稱為「緊緻二元聚合」（Compact Binary Coalescence, CBC）專門小組，大家比較熟悉的應該是它原本的名稱：「內漩小組」（Inspiral Group）。之後，我們也將這麼稱呼它。

不對稱自旋的恆星也會發出重力波。所以，應該還有另一種可能是由脈衝星（pulsars，發出能量束的快速自旋恆星；我們可以在其規律地掃過地球時觀測到它）發出的信號，所以這也可以假設為某種程度的不對稱。由一個脈衝星產生的重力波信號，其頻率會是光束掃描造成的閃爍頻率的兩倍。因此，如果有足夠的不對稱性，產生了夠大的重力波通量，應該就會在干涉儀上顯示為持續規律的脈衝。「連續波」（Continuous Wave）小組的工作就是尋找這種信號。

第三種類型的信號是從宇宙形成之初就遺留下來的。這種類型的重力波相當於著名的電磁宇宙背景輻射。天文物理學家和宇宙學家對於這一點感到特別興奮，因為電磁背景最早只能回溯到大爆炸（Big Bang），但重力波背景幾乎可以回溯到宇宙初始。這種信號的形式是隨機的，而不是遵循一個可定義的啁啾模式，或持續如心跳般規律的連續波。因此，它被稱為「隨機背景」（stochastic background）。這種信號可以透過在偵測器中看起來像是「雜訊」的長期相關性（correlation）偵測到，但實際上這正是重力波隨機背景的特徵。

第四種類型的信號是來源或形式不明的爆炸。它的來源可能是超新星、具有棘手特徵的內漩系統，或某種未知之物。搜索這些信號是「爆發小組」（Burst Group）的工作。

秋分事件的第一個暗示

秋分事件是被爆發小組發現的。多年下來，我逐漸有機會近身觀察重力波探測社群的工作，目前，我獲准可以聆聽各小組每週的電話會議，或「郵電」（telecons）。這些會議大多都帶有高度的技術性，我只有聽取其中的幾個。我第一次聽說秋分事件是在爆發小組成員10月2日發給我的一封電子郵件，裡面暗示我要特別注意3日的郵電。他說：

> 這應該會是一場有趣的電話會議，你可以列席聽一下。因有一個受到獲選值得關注的事件，這件事是從9月21日開始的線上數據搜尋中被發現的，然後在上週的通話中被工作小組注意到。我們會有進一步地討論，並打算開始依著我們的「偵測檢查清單」展開工作。

這是令人興奮的。

沒有一件事是簡單的，首先就要了解什麼叫「一個我們的線上搜尋」(one of our online searches)。重力波分析者對於他們可能遭到經由事後(post hoc)的搜尋參數選擇、或「微調」，而偏置其數據的指控特別警覺。這警覺性在所有的科學都是個好的做法，其中許多是試圖藉由「盲」分析來避免這一點。但是，正如我們所看到的，重力波研究領域的歷史使它成為一件受到極高度關注的議題。

然而，不幸的是，數據分析就像實驗一樣，涉及相當數量的反覆試誤。理想模型指的是在進行實際的數據分析之前，事先制定好精確的分析方法；但事實是，數據分析相當耗時、不易察覺的，而且總是會有地方出錯。關於這個問題，2009年4月有一封流通於群組間的電子郵件，其主旨就是一個相當好的例子，「回覆：(CBC)12TO18因為V4校準問題，我們的上限再－再－再－再－再－再－再－再－再－再執行」(Re: [CBC] 12TO18 Re-re-re-re-re-re-re-re-rerunning our upperlimits because of this V4 calibration issue.)。此外，許多事情只有經過一連串的試運行才能更臻完善。而這個重力波團隊對於此項問題的解決方案是，透過不會被用於主要分析的數據來微調程序。一種方法是把數據分成兩個部分：一個比較小，在整體數據中隨機選出10%左右，他們稱作「練習場」(playground)，剩下的則是此數據的主要部分。在「練習場」中，任何人可以做任何他們想要做的事情，包括任意程度的參數事後調整，直到他們可以找到一種最好的演算法，能從雜訊中提取出潛在信號。另一種方法是在一個已經受到時間滑動的偵測器輸出數據上進行微調，而該程序所微調出的任何信號，都不可能是一個真正的信號。只有當這些工作都已經以某種方式完成，將數據分析的協定「凍結」(frozen)，才會針對該數據的主要部分，或尚未受到時間滑動的數據資料，進行「開盒」(box opened) 的動作。然後以凍結的協定對數據的主要部分加以分析，同時該協定必須不會再被任何方式改變。我們可以稱此過程為數據分析的「元規則」(meta-rule)。元規則就是：當「練習時間」(playtime) 結束，就不會再更動或調整任何東西；一旦「開盒」了，分析的規則就將維持原樣。

打開盒子

為了方便解釋，我們先將時間往後拉。第一個年度數據的盒子被爆發小組打開時我在現場。要描述「打開一個盒子」是什麼樣子，這似乎是個不錯的著眼點，然而這個描述只是一種樂趣，對這本書或本章的主題不會產生任何影響。

2008 年 3 月 16 日，上午八點，大約有五十個人吧，四散地坐在加州理工學院校園內燈光昏暗的演講廳。每個人，就像今日在類似的聚會場合會有的習慣，時而聽著發言者說話，時而盯著放在自己大腿上發出亮光的筆電，或許是在打字吧。每台筆電都會透過無線網路連接到網際網路。隔著科學家的肩膀仔細看過去，可能會看到人們正在處理的電子郵件，或是已收錄或編寫好的論文，或是數行計算機程式碼的編寫或除錯。大家的討論集中在數據處理規範是否要定稿了，以及在那個他們無法回頭的時刻到來之前，是否還有更多的事情該做。凡是在盒子打開之前未完成的，之後也不能再調整了。這應該是場大戲。重力波偵測物理中，「干涉儀時代」的首批重要數據用上了精調後的演算法，將會看到什麼？

但是當它到來的那一刻，氣氛卻低迷的詭異。當大家一致同意沒有遺漏什麼了，排排坐的科學家們便獲准進行開盒的動作。開盒的方式是由他們之中的某些人按下手提式電腦上的幾個按鈕——環顧四周，我沒發現到底是誰執行了這個動作。開盒後，盒中的訊息以光速傳回位於主站的電腦機房。沒多久，整個數據庫開始進行分析，並將結果通過衛星服務網絡瞬間傳回現場。帶著手提式電腦分散而坐的科學家們回報說沒找到任何帶有顯著意義的東西。一個數據分析建立在數億美元的耗資上，需要微妙的政治技巧、德性與有時卻殘酷的領導管理，數十年的規畫加上數年的數據收集，還得月復一月的苦惱，是否預備的工作都已準備得當；一個數據分析可以說從一開始就已經完成了，沒有什麼可供展示。這就是物理學。

「飛機事件」

練習場和主要數據之間的區別是如何受到認真地對待，可以藉由一個詭異的數據分析事件加以說明，也就是現在團隊每個成員口中的那場「飛機事件」。只要跟團隊成員提到「飛機事件的情況」，大家馬上就知道其中的利害關係。

2004年中期，爆發小組正在準備一篇關於上限的論文。上限是一種科學發現，在《重力的陰影》中把它描述為點石成金的工作。當重力波科學家們看不到任何重力波時，他們把上限變成了一個結論，說這證明了重力波可能通量的上限是「如何如何」。自從LIGO上線運作以來，已經發表了一系列的上限論文。其中一、兩篇的確具有一些天文物理學上的旨趣。例如，已經有論文為蟹狀星雲中脈衝星的旋轉速度減緩，其中重力波成分的能量損耗設定了上限。假設重力波科學所依據的假設都是正確的，它就為此特殊的中子星不對稱的程度，訂下了範圍。另一個例子是2007年11月發布在電子論文預印本服務器arXiv上的一篇論文，寫的是當時在仙女座星系的方向上觀測到了一個強大的伽瑪射線暴，該篇論文摘要如下：

> 我們分析了現有的LIGO數據，與GRB070201事件的時間巧合有一致性，一個持續而短暫的硬光譜（譯註：高能）伽瑪射線暴，其電磁波定位出的天空位置與仙女座星系（M31）的旋臂重合……在GRB070201事件前後180秒內的時間窗口，沒有發現合理的重力波候選者。

這是用來說明如果該事件是由中子星／中子星系統的內螺旋運動，或是由具有一定規模以下的中子星／黑洞系統的內螺旋運動所造成，它就不可能位於仙女座星系，而一定遠遠落在仙女座星系的後方，即使它們在視線（line of sight）上好像是在同一個地方。

這樣的結果發表在天文學會議上時算是稍微引起興趣，而且據說也能被大家完全地接受，但大多數的上限論文現在看起來已經相當無聊，能對重力波通量說上幾句的興奮感已經被耗盡了。大多數這樣論文中會說些像是「你所期望的這種重力波的通量少於X：我們已經證明它不到100X」。當儀器變得更靈敏，「100X」會穩定地逐漸變低，但就絕大部分狀況而言，要能提出足以讓天文物理學家開始抓頭煩惱的結果，還有很長的一段路要走。

在重力波探測的世界裡，勤勉且誠實的分析師竭盡全力，以確保沒有一個非重力波被宣稱為重力波；而在上限的鏡像世界中，同樣的一位分析師，則是在竭盡全力地確保沒有任何一個可能的重力波被認為**它不是**重力波。這是因為有太多的排除，因而給出了過低（這是個令人誤導的有趣狀況！）的上限。遵守元規則與設定上限同樣重要，也就是說，一旦打開了盒子，將沒有任何潛在的重力波會因為分析程序的汰選而遭到消除。2004年那篇引發離奇事件的上限論文的案例就是因為違背了元規則。

這個案例發生的經過如下：當他們打開了盒子，發現其中有一個大事件，但馬上便有人注意到，這個最響亮的事件實際上和一架飛機有關，這架飛機在場址上方通過時就已經被麥克風記錄了下來。不幸的是，研究人員在測試期間並沒有設想到低空飛行的飛機在數據流中引起假信號的可能性，所以協議中並沒有允許可以將這樣的事件移除。很明顯地，這個事件不能成為一個重力波的候選事件，但事後將其「手動」(by hand) 刪除，則違反了設定上限的元規則：上限之所以**改善**，是事後操作的結果。但若將其保留，則意味上限論文包含了使它不正確的人造事件。這場爭論是關於是否應該違背元規則，還是讓錯誤的結果被發表。爭論持續了四個月左右，2004年11月，我親眼目睹其最後一次發作。以下是從六十個人持續了大約半小時的熱烈討論中，匿名截取出來的對話，因為無解，這場討論最後以投票 (!) 表決作為結束。

> S1：我們有的是一個肯定不是重力波的事件，我不明白為什麼現在還要繼續分析它。
>
> S2：當然可以把它刪了，但這是一個道德和哲學的問題。
>
> S3：我們在8月的時候討論過，數據分析小組也已經舉手表決。在這種情況下的風險是，你犯了一個當初設計練習場為了避免的錯誤——也就是說，回過頭看，你認為飛機所引起事件，仍有可能是重力波很巧合地與飛機事件的時間重疊了。直到一個星期前，我還不是那麼確定，但我現在認為的確是飛機導致了這次的事件。(證據來自麥克風的軌跡圖與偵測器的軌跡。) 你可以看到，麥克風最響的時間並沒有對應到該事件，但這一段數據的位置，很顯然地，是對應於這裡的這段數據，這玩意兒很明顯是由飛機造成的，而且如果你看這響亮的雜訊，你看看這頻率的內容，就會發現這是相當於85赫茲，大約是當時飛機聲音

的頻率……我願意公開地說，我確定這事件實際上是由飛機造成的，可連結到飛機的物理效應。而且對於把它刪掉一事，跟最初研究這個問題時相比，我個人現在比較不會有任何不舒服的感覺。

S4：我贊成將這起事件保留在上限計算中，當然也要在論文中明確地說明這不是一個真正的事件，它有環境的原因——但我反對改變我們引用的上限，這是因為以我了解的統計和偏置（bias），不足以說服我改變之後我們計算上限的演算法是個安全的程序……

S5：環境信號檢查本來就是意料中的事！

S4：是的，這是針對否決偵測的宣稱，但我們並沒有討論，我們還沒有真正想過利用它來改變上限。

S6：很久以前我們的確討論過，我們決定不這樣做。

S4：……我們所引用的上限，要伴隨著統計可信度限度才有意義，如果我們引入偏置而讓可信度存疑，這個上限是沒有意義的……我們必須保守一點，承擔這個上限可能導致的損失，而不是冒險引用一個其實並不正確的上限。

S7：如果我們對於有飛機這件事具備超乎尋常的信心，我認為我們應該在這個脈絡下詮釋我們的結果。如果有人事先想過這個問題，只是沒有提，現在站出來，我們就會毫不遲疑地採用。我們不用擔心任何統計偏置所導致的結果；否則就會有太多數學上的演算法卻沒有足夠的物理上的現實。

S4：問題就在於當有個人站出來說：「我之前就知道這件事。」因為那會改變演算法。如果沒有出現那架飛機，那個人就不會站出來，就不會有這項改變。我對於看到數據之後再更改演算法這件事真的覺得很不自在。我認為保守的做法就是不碰它。

S5：我認為，一個偵測的宣稱，與一個上限的宣稱，兩者所做的後驗（posteriori）調整是有差異的。我認為，在這個案例中，我們不是在做偵測的宣稱——我們只是說我們相信有些東西應該從重力波搜索中加以排除，因為它是被一個非常明確的環境影響方式所汙染，它不該是上限的一部分……如果我們把它留在那裡，我想這會讓我們看起來相當荒謬的……否則，我們就不能說自己是在數據的基礎上盡己所能。我們被雇來就是要把我們的工作做到最好。我的意思是，不然為什麼要花那麼多錢在這些偵測器上，如果我們盡我們所能地處理這些數據……

S9：事實是，最保守的做法，以及你知道不會超出統計學界線的做法，就是把事件留著。這一點你知道。但另一個事實是，作為一個合作團隊，如果我們堅信該事件是源於一架飛機，然後在整個分析中引入否決機制，這樣的偏置是極微小的。麻煩的是，如果你真的找到這樣一個突出的事件，而沒有一個人回到（軌跡圖），你就是把它扔了，然後你就會把上限設得太低。但是，就以我從了解這事件、並仔細研究過它的人那兒聽到的訊息來說，我們應該把它拿掉，因為它的確引入了一個小小的偏置，但也不至於把我們帶往過度嚴格的上限那樣可怕的地步。

S6：我相信這是一架飛機，如果半年前我們就決定會手動逐一檢視這類事件，那就沒什麼問題。問題是，半年前我們已經同意了不會這樣做。如果我們將其刪除，等於是在告訴重力波社群，我們給了自己在事件發生後改變我們分析的權利。

S10：我們可以從我們的錯誤中學習，除非我們之前同意不這麼做，在這個案例中，我們先前同意不要從錯誤中學習！

S6：我們同意從我們的錯誤中吸取教訓，但不要試圖糾正它們，因為我們可以在下一輪的數據分析中糾正，而不溯及既往。

S3：我們目前的論文草稿寫著，「我們觀察到一個事件具有每天0.43的上限。順便說一句，這個事件是一架飛機。」這樣說重力波偵測率的極限，實在不是最好的工作目標。

S11：（如果兩個上限都留著）將讓讀者有機會自己決定。

柯林斯（嘀咕）：這是後現代主義。

S12：我們確信這是一架飛機；我們也確信，我們所產出的結果是錯誤的。

S4：不——我們僅僅確信，如果我們把飛機留在那兒，我們所產出的結果會是正確的。

S6：這是一個保守的上限。

S7：不要濫用「保守」這個詞……真是瘋了！

在這之後沒多久，會議結論出來了，這樣下去無法達成共識，他們必須進行表決。(有許多幽默的評論把這連結到美國最近的總統選舉。)18票投給了保留飛機事件，更多人(30票左右)則是要把它拿掉。「保留組」被要求讓步，不管怎麼說，其中還是有一些人感到沮喪，並認定這是個糟糕的決定，甚至有位科學家堅持把自己的名字從發表的論文中刪除。

正當每個人都對表決這回事感到不舒服時，他們看著我，一邊笑著對我承認說：「你來這裡的目的已經達到了。」讓人尷尬的是，我經過一段很長的時間，才意識到那究竟是什麼意思。科學的程序，是要普遍地為所有人所信服。發現一個需要投票的議題其實制度化了一個觀念，也就是對手陣營間可以具有合法的分歧。換句話說，採取投票的方式說明了可以有所謂的科學**社會學**，而且這個科學社會學會因科學邏輯全稱的信服力而成為無用之物。我們當時並沒有意識到這一點，但我們都直覺地感受到了——在一個科學會議上投票，就是投科學社會學一票。這並不是說科學向來不存在分歧，而是把他們的解決之道交給投票表決，合法化了一個想法——它們是「科學的」方法無法解決的；無論是從證據歸納，或是由原則推論，都無法讓每個人同意。

辯論的時候有一個迷人的**愛麗絲仙境**時刻，當有人指出，如果將飛機移除，上限可能會低到足以被認為與「義大利人」2002年的宣稱有所衝突——它會迫使上限下降到排除羅馬集團宣稱看到的通量。對此，有些人認為，在這種情況下移除飛機真的不合法，因為它的移除可能會被說成是利益導向的事後操弄。如此一來，分析師會覺得自己很容易遭到對統計學信賴不足的指控。換句話說，如果移除這一則虛假數據可能在天文物理上具有任何真正的意義，那就不能移除，因為那會讓它實際上看起來像是事後的「數據按摩」(data massage)*；如果它沒有顯著的天文物理上意義，那就可以移除！

這場辯論還有另一個有趣的特點，有兩位最堅持要移除飛機的發言者，他們的言論可能會讓小組置身統計按摩的指控，但他們本身居然還都曾發表過論文，抱怨羅馬集團濫用事後統計。諷刺的是，即使這批人堅決拒絕事後分析，以證實己方統計學的適當性，也認為應該將飛機移除，而房間裡其他的科學家卻對這件事處之泰然。奇怪的是，似乎沒有人注意到這諷刺。

在我看來，這種情況下，這個案例正確的處理方法是移除飛機事件，因為任何其他的行動方針真的是「瘋了」。[1]問題是那規

* 譯註：嘲弄鄙視事後對統計數據動手腳的行為。

1 富蘭克林（私人通信，2009年10月）指出，這種情況並非史無前例。他引用一位高能物理學家討論上限的設定，「在所有的裁切（cut，譯註：對數據以各種不同的篩選條件加以檢視）都結束之後，最後應該看看信號區的事件，檢查它們是導因於一些微不足道的背景或工具問題，例如高電壓跳閘了，如果這樣的事件可以歸因於這樣的來源，那麼比較合理的做法是刪除它們並設定出偏置卻有意義的下限，而不是留下它們，訂出無偏置但無用的下限……「(引用自史華滋〔A. J. Schwtz〕1995年在普林斯頓大學發表題為「為什麼做盲分析〔Blind Analysis〕？」的報告。)

則，正如哲學家維根斯坦指出，（這包括元規則）不要把規則包含在它們本身的運用之中。[2]沒有一項規則可以毫無疑慮地運用在未經預期的環境中。重力波科學家為了避免偏置的指責，決心硬給自己一個規則，但這規則始終模糊不清。科學家們願意相信有一組統計程序，一旦將其納入社群，就可確保程序的有效性，並除去了人工（human-like）決定的需要。但實際上，統計只是披著數學外衣的人類決定。偶爾，就會形成像飛機事件那樣的麻煩。[3]

秋分事件打破了統計規則

如同我的筆記所提醒的，秋分事件是經由「一個我們的線上搜尋」發現的。再次強調，「線上搜尋」打破了某種練習時間和

2　Wittgenstein 1953.

3　我喜歡收集那些即使是最歷史悠久的規則也無法涵蓋新發生的狀況的案例。2009年6月在英國舉行的世界20/20板球運動會上發生的一個例子——這是我在電視上看到的。在板球中，如果打者將球擊向空中，超出或剛好落在邊界上，或接球的野手如果在接球同時碰觸到繩子（就像棒球全壘打，但是邊界在草地上用繩子標記，碰觸到而非越過是判斷標準），就可以跑壘六次。一名打擊者將球擊出一個可能是「六」壘的打擊，但一名站在繩索內的野手跳了起來，將球托起，使飛行軌跡轉而向上，儘管它最後仍會落在繩子外面。野手跑到繩子外面，再跳起來，把球推回到繩子裡面，然後跑進去，拿起球，把球扔了回來，而成為（我相信）「三」壘打。野手在任何時候都不接觸地面，也不能同時碰到繩索和球。我確定這是一個「六」壘打，但裁判判定球沒有越過繩子。如果裁判是正確的，似乎就建立了一個新的規則，允許野手站在——由繩子所界定——的比賽場地外，如果他們跳離地面，在落地之前，把潛在的六壘打推回到場中。

適當數據分析之間涇渭分明的規則。而且我要再說一次，這種案例要是不打破規則，就會「瘋了」。基於某種原因，我知道這並不是毫無爭議，這種制度化的、持續地打破元規則，已經被接受。就科學上而言，它比飛機事件危險得多——這就是社會學。

線上搜尋是即時的數據研究。在粗略的數據分析下，有任何時間巧合的事件被凸顯出來，就會提醒合作團隊，該事件值得進一步調查。就像我們看到的，它包括了在凍結統計程序之前，對主體數據的分析。它顛覆了有效的「致盲」(blinding)，透過分別練習時間和認真分析時間的做法以達成：一旦線上搜尋已經提醒合作團隊事件的可能性，就只有靠警覺性才能防止事後操作(post hoc-ery)。但這種致盲的想法，和這種練習時間後凍結協定的想法，只點出了一個事實：警覺性不可能強大到足以對抗想找出一個結果的隱伏欲望。

之所以會說不進行線上搜尋是「瘋了」的原因在於，重力波事件可能與電磁波事件相關，例如伽瑪射線暴、X射線，或與超新星相關的可見光的爆發。當一個被認定為重力波的事件在發生時就「響亮」到足以讓它自己被感覺到(甚至在「開盒」進行無比複雜的統計分析之前就被感覺到)，這時重力波科學家會希望自己能擁有某種身分，可以要求天文學家把他們的儀器指向這個事件可能的來處，並尋找與之相關的信號。這必須在盡可能接近發生的時間內完成。無論如何，如果這個事件夠突出，還有可能是首次發現，而他們不想儘快開始仔細地加以確認，分析師就會「瘋了」。

最後一段討論的許多兩難，包含了線上搜尋在內，可以從以下這段對合作團隊中一位資深成員的訪談中帶出：

柯林斯：我聽說您已經持續關注這個事件（秋分事件）一陣子了，並試圖對它進行各種不同的裁切分析。

受訪者：是啊，這完全就是某種雜質。……但我們不會改變任何閾值，我們沒有改變任何一項操作、沒有改變任何一行程式碼，我們考慮「後處理」(post-processing) 時相當小心。不過，有些人會告訴你，從開始到結束的完整過程必須事前建立，對這些人而言，整個事後處理的概念就是破壞了統計學的純度。

柯林斯：所以你會被某些人譴責。

受訪者：是的，例如像Z。而他並不是傻子。他的觀點是——我想我可以正確地表述——最終——當然，你必須對如何分析數據做出明智的選擇——但最終，唯一可以從雜訊中區分出一個事件的，是它在統計上僅僅出自雜訊的不可能性程度。而且……這很大一部分是事實，或者它就是事實的全部。Z認為這就是事實的全部，而我認為這是很大一部分的事實，但不是事實的全部。但這就是為什麼每個人都想告訴你：「這裡是所有隨機事件的直方圖，看看它們離正確的樣子還有多遠。」……所以，在你看過它之後所做的任何事，要不是使它看起來大致上是可能——而你無法用我之前應該做的機械式運用來證明這一點——

在這一點上，你確實失去了說明事件有多不尋常的能力。

柯林斯：所以你說這是事實的很大一部分，但什麼是事實的其他部分？

受訪者：在LIGO科學合作團隊內部存在巨大的意識形態爭論……另一部分就是我們正在做的所謂追蹤（follow-ups）。我覺得Z極其厭惡應該有所謂追蹤的想法。你應該定義你的分析程序，然後你應該打開（盒子）並寫出一篇論文，然而——我想這是S強烈支持的——就是你做這一切的事情，但這僅僅是個開始——然後你得趕緊看看它是否說得通；同時你得審視並尋找數據中是否帶有任何跡象……

有個關於宇宙背景輻射的經典案例。韋伯的故事是個悲劇，但這不是悲劇，它有點像是在決定與向世界宣告你是……時所犯的廣為人知的錯誤。有人想測量宇宙背景輻射在短波長、高頻端的光譜……保羅・理查茲（Paul Richards），一個這樣做的傢伙，擔心他會在自己的數據分析中迫使它成為一個真正美麗的黑體（black body）。他說，「不，我不是，我要設計儀器、測量它、檢查每個細節，設置我的數據分析程序並發表任何我得到的頻譜。」而他做到了，他堅持了自己的立場，但他也意識到，頻譜錯了，就像飛機事件一樣。人們會因疏忽而犯錯，所以S的觀點是我們發明了一種新的測量方法，我們不會有先見之明，但我們有專業知識，我們不應該強迫自己放棄運用我們的專業能力。其中一定有很多是正確的，但是一旦你開始這樣做，你就失去了量化事件異常程度的能力，因為你無法複製你在其他案例中所做出的一連串決策。所以我們好似陷入了一個窘困的處境，關於Z在統計學的純度方面有些東西是正確的，但它在大部分的時間裡並不適用……
這很微妙，我們知道那些典型的案例，要不是微調讓某些東西消失，不然就是微調使其顯得更大——不同的人在內心深處想要不同的東西。

透過一個曾被指控為過度詮釋數據的團隊成員，整個議題以另一個不同觀點表達出來。在下文的討論中，他似乎是在對曾經發生過的事情表達遺憾。同時，這個對談揭示一個分析師，他是如此說的，「愛上了」發現的潛意識欲望。這意味著，分析程序被凍結後就不應該有任何人再去碰它。然而，他也揭示了回溯經驗運用的需求，因為並非一切都可事先預料。我的介入就像是個「魔鬼代言人」（devil's advocate）。

Q：當你必須決定偵測到的東西是否為真正的信號，你得找個能夠保持冷靜的人跟你搭配。他們必須有經驗，也要有實驗的經驗，因為有時候某些效應你根本無法想像，只有年復一年的經驗會告訴你偵測器上可能發生多少離奇的狀況；這些狀況無法預測，那些每天坐在電腦前面的人甚至連想都想不到。一個研究可能候選信號的分析師，當他手上有了一個可能的候選信號，他可能會愛上它。因為這個數據符合一些偏見或已經研究過的……也許是第一個黑洞衰盪（ringdown）。然後你會覺得自己當下站在歷史的中心，宇宙的中心。有某個東西——你能感覺到它不會錯。這不可能是偶然的，在這一刻，有數據在你面前。所以，你必須面對——必須（試試？）你的工作，你的建議——並做個成果報告，給那些首次聽到所有細節，但卻從來沒經歷這過程的人。

柯林斯：但可以肯定的是，如果數據分析組正確地做他們的工作，正確地統計，只會出現一個答案？

Q：數據分析的工作沒那麼簡單。它不是先按個紅色的按鈕，然後再按個黃色的、再按個黑色的，然後就會跑出東西來。在這個過程中，人扮演了某些角色。

秋分事件的第一次電話會議

電話會議的筆記顯示，我第一次聽到關於秋分事件的討論時有點失望。整個討論非常地低調。對秋分事件的例行業務處理和首次將其納入討論超時二十多分鐘。只有在經過一個多小時後才有人說，「（它）看起來像是個非常不錯的候選信號。」

我猜電話會議之所以這麼低調，其中一個原因在於科學家想要專業——他們知道，公正的數據分析需要警覺性，過於興奮可能會拖累它。所以整件事是以一種有秩序的方式完成，讓數據

「自己說話」——如果這就是它該做的。

第二個原因是，每個人都知道，即使這真的變成一個值得報告的事件，它仍然很有可能是故意插入數據流中，作為盲植挑戰的一部分；對一個最後可能會發現只是被植入的人造物過度興奮是沒有意義的。

在初期討論到這可能是一個首次發現的重力波時，作為一名傾聽者，聽到事件的平庸本質被揭露出來，是讓我感到失望的第三個原因。就這個詞彙通常被使用的意義而言，秋分事件根本不是一個「事件」。這不是一次突然的爆炸，或是彗星的出現，也不是什麼特別詭異的天氣，或是登陸月球、一個新的速度紀錄之類的。它只是在數字激流中一串有點不尋常的的連續數字。沒有電腦持續監控的數字流，就什麼都沒有。它全部都只是統計而已。我當時的筆記是這麼寫的：

> 我覺得怪的是，沒有「看」，只有一堆仔細制定過的統計程序（我想在高能〔物理〕也是如此）。從許多數字和程序中「建構」信號這點讓人有些不滿。這與我們面對推論的脆弱性有關，它不只是深奧的哲理，還包括某種內在情感的東西。你會感受到它的脆弱性——它只是數字而已。

儘管如此，它們還是有意思的數字，而且隨著一週接一週的電話會議，它們的意義變得更加明確。

他們對這批數字用上了兩種類型的現實轉型（realitytransformation)。首先，持續進行統計檢驗。這些數字在爆發小組不同的分析程序下看起來如何？同時，內漩小組有看到什麼嗎？第二，得完成一份「偵測檢查清單」(Detection Checklist)。

Sigma值和誤報率的語言

正如我們所看到的，探索性物理學中的信號相當微弱，只能靠著統計辨識出來。就像前面解釋的，「發現」是由某些事件組合而成，這使得它的出現感覺像電腦程式的數字操弄，它們**不太可能**有機會以必須被視為信號的結果出現——這是一種天生的系統性干預。若要表達某件事偶然發生的不可能性，普遍會使用「sigmas」或「標準差」(standard deviation)。其理論是儀器輸出的信號中存在平滑分布的雜訊，因此若要繪製曲線圖，X軸是雜訊的大小，Y軸則是該大小雜訊的個數，結果將會呈現鐘型。也就是說，在X軸中心原點的位置是小型雜訊的高峰，原點的兩側稍微少一點，越往兩側雜訊越少。在這個分布曲線的「尾巴」，也就是鐘的底部，只有極少數離中心點很遠的大型雜訊。假設雜訊表現得很「規矩」(well-behaved)——即依循正確的數學函數，它到中心原點距離可以用標準差來表示。如果曲線具有「高斯」(Gaussian)的輪廓，大約有68%的雜訊可以在距離原點1個標準差的範圍內出現，95%在2 sigma內、99.7%在3 sigma內、99.99%在4 sigma內、99.9999%在5 sigma，諸如此類，那我們就可以說，如果這個信號的位置與中心相差超過2 sigma的距離，100個之中，只有5個有機會可能是來自雜訊；如果它位於3 sigma之外，則在1000個之中只有3個有機會是來自雜訊，以此類推，5 sigma的結果將相當於一百萬次中只有一次的機會，該事件是由平滑分布的雜訊所引起。怎樣的sigma值才夠大到足以讓一些信號不可能只是出自雜訊，而可將其視為一個發現，不同的科學有不同的標準。正是這個標準，在我們的故事中應該扮演很重要的角色。

在重力波探測中，還有另一種表達信號實際上是雜訊的不可能性的方式。有時候據說：「這種效應可能要多少多少年才有機會偶然出現一次。」為什麼會這樣？兩種表達方式之間的相互關係又是如何？

在LIGO干涉儀的例子，雜訊圖有太多的大型雜訊無法符合平滑的數學模型。這些「瞬變干擾」（glitches，見下文）給出了一種病態的「長尾」（long tail）分布；有太多大型雜訊在分布的極端之外。因此，由於模型不合，所以無法計算出以sigma為基礎的敘述。

取而代之的是直接測量時間滑動中所產生時間巧合數據的「誤報率」（false alarm rate）。因為數據組合僅限於在偵測器的輸出上運用時間滑動技術所產生的數據，而非一個平滑的數學關聯所暗示的無窮集合，所以的確無法確定它到底有多正確；我們很難知道對一個人的自信應該抱有多大的信心。儘管如此，透過時間滑動技術所產生出的數據，還是能夠推衍出偶然事件的可能性。在這樣的情況下得出的結果是，這種振幅的時間巧合和同調程度，大約每二十六年會隨機出現一次。

現在是S5運行的第二年，三個偵測器都已經開始運轉，且在「科學模式」下運作了0.6年，而秋分事件是三個偵測器的時間巧合。在這個分析基礎上，意味著單一的時間滑動會產生相當於0.6年的假的時間巧合。[4]事實上，一千次的時間滑動，每一個都有不同的延遲。這樣就會產生相當於六百年的假的時間巧合。六百年內大約會發現二十個看起來就像秋分事件這樣雖然是假的，卻令人信服的時間巧合，這意味著這種假的時間巧合大約每二十六年就會出現一次。

二十六年一次的出現機會可以換成這樣的說法：在運行過程中，偶然出現這種事件的可能性是0.6 / 26= 0.023，也就是2.3%。透過平滑的數學模型計算，這個機率可以翻譯成與其相關聯的sigma水準。這是物理學家熟悉的語言，可以幫助他們決定是否「應該」對此嚴肅以待。2.3%，在這種情況下，2.3%大約是2.5 sigma的結果。當物理學家需要一個粗略的指標用以比較同一領域的其他結果，或是其他領域中常用的信心水準，他們可以把秋分事件視為一個2.5 sigma的事件（儘管這個數字可能不甚準確）。當代高能物理的標準是5 sigma的結果，而這相當於在一百萬年的S5運轉中，事件的發生不超過0.6次。

應該順道一提的是，內漩小組看到的一些數據，與爆發小組的事件互相矛盾，但這不足以強化他們的宣稱；而且如果不是爆

4　我不是百分之百確定，究竟是如何做出真正的選擇，但其原則沒有太大不同，數字上的差異也不大。

發小組先發現，甚至不會有人注意到這個事件。

偵測檢查清單

偵測檢查清單的使用，對任何可能的（偵測到重力波——譯註）宣稱至關重要。這是一道又一道的火圈，重力波的候選者們如果想存活，就得跳過去。每一個分析小組都會開發自己的清單。爆發小組2007年10月的那個版本有73項，附錄1（頁263）是其簡化後的形式，其中標註為斜體的表示該任務已在上述日期完成。在一份更完整的列表中會顯示誰被分配到接下來的任務，誰完成了已經結束的任務，他們的證據來源有哪些，並適當地附上超連結。雖然這個清單長達十二頁，還是值得快速瀏覽一下，可以對於做出一個可信的偵測宣稱需要些什麼，有個概念。這些小組不容許自己輕率地做出宣稱，而透過核對清單的過程顯露出來的謹慎程度似乎還算是恰當。

對這個事件的興趣在爆發小組隨後的電話會議裡逐漸增加，因為它繼續通過清單設下的火圈，沒有任何明顯的失誤。但是也可以說興趣不是很大，而且不是每個人都感受到了。我想我比大多數的科學家更興奮了些。我決定透過觀察消息散布的方式，測試看看他們到底有多少興趣。但首先，我必須確保我不會洩漏任何祕密。

分析小組間有一定程度的競爭；四組中，每一組都希望成為最先看到信號的那一組。另一方面，由於每個小組大多數的時間都在尋找不同的東西，競爭也因此被緩和了下來。在爆發小組和內漩小組的狀況則是有重疊的部分。

內漩小組在找的是雙星系統內漩的最後幾秒鐘裡典型「啁啾」的特徵，做法是將數千個模板與數據流進行配對。用這種方式替模板進行配對，在偵測候選信號時有個極大的優勢，因為與模板相配的真正信號會突顯於雜訊之上。這個程序的工作方式是這樣的，當信號和模板之間有相關性時，模板會「亮起來」——意味著「已經檢測到有東西與該模板匹配了」。[5]但是，如同已經暗示過的，現實世界中沒這麼簡單直接的事。有時，偵測器雜訊會假性配對，而錯誤地突顯出某個模板。內漩小組則會用上第二個測試，卡方檢驗（chi-square test），看看數據是否確實與模板匹配良好。如果卡方檢驗用得太寬鬆，雜訊流仍會偷偷地通過並突顯出錯誤的模板。在這樣技術充分發展完善之前，有位評論員在一封公開的電子郵件中表示了他的憂心：

> 我對這事實感到震驚，幾乎所有的、後續追蹤小組檢查的那些最響亮的事件，誰都能用肉眼就看出它不是二元聚合

5 我的房子俯瞰著卡地夫灣（Cardiff Bay），為了好玩，我曾經記錄所有進入碼頭的新船，試圖借助強大的雙筒望遠鏡讀取它們的名字。就像重力波探測一樣，角度或天氣往往讓這樣一個讀取名字的行為，變成「從雜訊中提取信號」的問題。令人吃驚的是，如果這些名字是用英文寫的——也就是說，我有一套模板來匹配它們——讀起來就會容易得多（先初步破譯，然後確定它們是什麼），若是用俄文或希臘文寫的，就完全不同了——我沒有那套讀它們模板。

> 信號。緊緻二元分析程序為何還要留下這些事件，一直留到分析程序最後一個步驟？有沒有可能讓配對過濾搜索能夠分辨，推測的信號是否真的看起來像其中一個模板？……
>
> 這些垃圾……信號是如何通過各種以信號為基礎的否決機制？為什麼將閾值設的那麼寬鬆，讓這種狀況發生？……難道該小組是（這麼的）渴望到不願失去任何一個可能的偵測，無論它是來自參數空間（parameter space）中哪個怪角落……？我們是否冒著某種危險，讓一個真的但微弱的信號，在響亮卻毫無價值信號洪流中流失？……。（或是在某些情況下）該小組已放棄了配對過濾搜索，卻不承認？……
>
> 我們希望我們的讀者在偵測宣稱中聽到的是「真理的鳴響」。無法排除劣質垃圾信號，將讓所有的偵測宣稱受到質疑。

另一方面，如電子郵件第二段所暗示的，如果卡方測試被施加得太緊，如果模板不能真正準確的預測波形（記住，模板的數量有限，但卻得應付幾乎無限多的可能性），這也將抑制信號。預測（模板）在一些雙星系統上也不夠準確。因此，在「調整」內漩的搜索中就有許多微妙之處。

但爆發小組只是在尋找無特殊形式信號之間的時間巧合，他們可能會注意到一個內漩信號，而那是內漩小組因上述原因錯過的。這頗令人尷尬，至少有一個我後來聽到的八卦暗示內漩小組為此感到羞愧，因為爆發小組已經看到了或許是內漩的東西，而他們自己卻沒有。鑑於存在這種潛在的競爭，我必須確定爆發小組不會介意我與內漩小組成員討論「他們的信號」。同時，我也從不同的來源聽說內漩小組有自己不一樣的偵測候選信號。我發了封電子郵件給爆發小組的領導成員，詢問我是否可以自由地與不同的小組談論對方的工作。他們給了我以下答覆，允許我繼續我的訪查：

> 雖然我們爆發小組會很高興能「第一個看到它」，但是在LSC-Virgo* 的圈子中，我們一直維持著沒有祕密這回事——至少有幾個內漩小組的成員已經知道了這件事。事實上，我們的後續檢查之一是看同一個事件候選者是否被其他搜索發現，並且最後關於該事件候選者提出的任何說法，都應該反應出我們已經盡我們所能地多方面加以檢視。

到現在，我仍保留著對所有發生的事所做的流水日誌記錄，包括電話會議筆記，電子郵件副本，採訪記錄等等。以下內容摘錄自2007年10月初的流水日誌：

* 編註：LIGO科學合作團隊（LIGO Scientific Collaboration, LSC）和Virgo的合作團隊，詳見第三章。

然後，我打電話給「A」（爆發小組）和「B」（內漩小組）談了一下這些事件。兩通電話都有記錄下來。

他們都不是很興奮。他們對其他小組的事件都知道得不太多（B什麼都不知道）。A則是對兩個事件都不太在乎……他說，像10月6日（內漩）事件，他們每隔幾個月就會有一些這樣的東西。（B說是每月兩次。）信噪比（Signal to Noise Ratio, SNR）在6左右（內漩小組對有事件發生的設定）和雜訊幾乎沒什麼不同。

A說他對9月21日（秋分）事件不是非常興奮，因為它剛好位在100赫茲上，那裡到處都是瞬變干擾。他顯然認為這是一件瞬變干擾。

B很驚訝自己沒聽說過這個事件，因為他昨天還與A共進午餐，但我解釋這是因為A覺得它沒什麼大不了。

總之，雖然我很興奮（這是我的問題），但這些傢伙都太忙於自己的教學或什麼的，以至於不認為這些事件值得探討，即使這事件屬於自己本身的小組，更別說那些屬於其他小組的了。但是，基於一般工作流程下的偵測檢查清單，21-09的事件當然將會在一個適當的時候交到內漩小組手中。

總之，這些事件並不足以讓任何人興奮到為此改變日常例行公事，甚至沒有為此寄出一封群組信。

請注意，我扮演了一個積極的角色，告訴至少一個內漩小組成員，爆發小組有些東西……這個田野中插曲的重點是，它告訴我，我的興奮沒有被分享。而之所以不被分享，以10月事件而言，它就只是「那個老樣子」。沒有人相信這些東西是重力波——雖然它們之中任何一個都有可能是。但第一個真正的重力波其實非常有可能會相當接近雜訊。

爆發小組的情況是，至少對A來說它是類似的東西。而且它出現在一個充滿瞬變干擾的區域……

所以，這裡的問題在於，會讓人感受到極度的了無生氣（我應該說，沒有多少特別的活動，而該項目甚至就是放在爆發小組議程當中！）這讓我們很難真正同意看到了一個重力波。因為我們幾乎已經看到了數百個。認識論的突破該如何形成？

如果它僅僅是統計數據，或無法找到另一種解釋，這將會後繼無力。**但這種缺乏興奮正是對科學的獻禮——五十年來沒有看到任何令人興奮的東西——這種類型的活動實在太讓人驚訝了。這就是純粹奉獻的指標啊**。（在原筆記本中，本句以大寫表示）。

雖然上面擷取的這個片段是來自早期過程的筆記本，但它言簡意賅地抓住了整個「心態」的困境。很少有人對秋分事件感到特別興奮（爆發小組的潛在事件），因為它看起來就像以前也發生過的很多事件，它比較像是在偵測器中總是會在100赫茲（週期／秒）區域發現的雜訊，而那的確是它被發現的地方（這點在隨後的爭論中將變得非常重要)。正如我在筆記本中大寫指出的，重力波探測的科學已成為一種展示潛在信號不是信號的科學——這類似一種修行，將誠信和盡忠職守放在遠高於回饋的位置。這一點本身就令人欽佩。大家是如此淡然，他們甚至沒有在更廣泛的團隊合作中把這件事告訴別人——連在午餐時間也沒有！我發現我在跟其他科學家提到一些關於它的事情時，還必須解釋我只是充當管道，並不帶有任何惡意。

然而，第一個被偵測到的重力波很有可能是一個邊緣事件——某種看起來像個雜訊或瞬變干擾的東西。第一個事件很有可能是這樣的，如果人們想要看到的就是這樣的事件，這是因為天空訊源的分布意味著在偵測器較外緣的要比在內緣的多得多。比起「較外緣的」，「較內緣的」涵蓋的天際體積要小得多。在不同距離下能看到的訊源個數隨著距離的立方增加，所以在15百萬秒的範圍(那是初始LIGO中，標準訊源的可探測邊緣)有一千倍的訊源數——相較於1.5百萬秒，15百萬秒應該很容易偵測到東西。重力波若是這些遠距訊源其中之一，只有長期運用精心設計的統計程序和檢查清單，才能從背景中提取出它。這不會讓人感到興奮，因為只不過是統計的操弄罷了。正如我在隨後的流水日誌中所註記的：

> 所以這就是為什麼它的一切都是如此地令人沮喪：一個真實的事件只是瞎搞一大堆統計的結果，還聲稱「這不尋常」。沒有原子彈爆炸，沒有力量產生，完全沒有新的東

西被做出來！！！！

那麼，合作團隊打算如何把人們從這種拒斥信號的本能，這種認為那是神聖的義務、表達出最純粹意圖的本能，轉而把看到的潛在事件視為真實的事件，值得在事後的統計按摩之外強化？這是心態問題。

當然，事實是他們正依清單一項一項檢查，而且他們兩個中的一個發現秋分事件越來越有意思，顯示了心態的問題並不一定是致命的。如果數據分析只是一個純粹的演算過程，沒有任何人為判斷輸入，它就*不可能*是致命的。但總是會有判斷涉入其中，就如同飛機事件以及其他更多我們將要討論的例子。因此，心態問題可能是致命的，當遇到灰色地帶的決策，必須涉及判斷的時候。

如同其所發生的，隨著事件的發展，秋分事件開始獲得關注。對於像這樣一個潛在事件，有些事是你可以*做*的——討論。就像社會學家知道的那樣，討論使其真實。LSC-Virgo合作團隊接下來的會議在漢諾威舉辦，他們將對秋分事件進行討論。「偵測委員會」（Detection Committee）負責監督所有事件的公告，並決定是否將它帶進合作團隊，以及是否可以進一步加以發表。以下這封通知偵測委員會的電子郵件即顯示了這種演變：

致：LSC偵測委員會：……2007年10月11日：

爆發小組偵測到了一個候選事件。尚未有搜索小組準備對

> 偵測委員會提出這個案子，但整個LSC知道，有件事正在醞釀中。在即將舉行的漢諾威LSC會議，爆發小組正考慮針對他們有關這事件的一些活動提出一個簡短的介紹，但並不會有結論。偵測委員會開個會討論策略，並訂出你們認為我們需要闡明的問題，應該會是個好主意。建議我們可以舉行一場電話會議……

那場會議的確對於程序，以及該事件究竟該如何被討論，進行了冗長的討論。結論是，為了讓興奮減緩，應該僅以一個平凡無奇的「最響亮的事件」來談論它，就像出現在每次分析操作裡的那種。我在筆記中記下了自己的驚訝，對於科學家應該如此謹慎——這不過是個只打算對合作團隊的公告，而那本身就是個嚴格限定會員的組織，我的存在是個異常，儘管也許該組織是大到足以為消息走漏而擔心。不過，就如之後所發生的，命名為「秋分事件」的這場事件很快地成為了標準的參照，也就是說，窮盡任何手段只為把它當作一起普通響亮的事件，只不過是一場徒勞。

漢諾威會議之前，還有另一個爆發小組的電話會議，討論這起事件是否可能來自相關雜訊，他們以三種不同的方法估算，產生的結果分別是每一百天一次，兩年一次，和五十年一次。額外的顯著性可能來自他們從其屬性考慮了更多分析數據的方式，諸如能量分布，找出分離的偵測器信號之間有多麼相像。消去已知來源的瞬變干擾的技術也派上了用場，從而使「事件」更加突出於背景之上。後者就可能引起「微調出信號」的危險。

漢諾威會議

漢諾威會議的重點將會是針對秋分事件的討論。但內漩小組藉著他們自己的宣告，似乎搶了爆發小組的一些鋒頭。顯然地，獨立的內漩小組已經決定進行他們自己的盲植。他們已經做了，且如他們煞費苦心地強調，沒有對其他任何人造成潛在的麻煩。

偵測器受到連續串流的人工「信號」植入，稱之為「硬體植入」（hardware injection），用於監控的裝置和分析程序的靈敏度。這些假植入不會造成任何麻煩，因為它們不是祕密的——非常重要的一點是，小組知道是什麼時候植入的，這讓他們可以檢查自己的分析程序是不是夠靈敏到足以偵測出植入的人工信號。內漩小組只是簡單地選擇對自己保密幾個一般的植入，而在漢諾威的會議上，他們能夠宣布自己在數據中發現了一些東西。我必須說，我發現它令人費解的是，在打開自己的私人信封前，小組已經告知漢諾威會議，所以他們也可以隨時告訴會議，他們是否發現了某些真的東西。但也有人說，內漩小組的練習很好，以及分析師們可以有自己的趣向。還有人說，這次練習不像「正確」的盲植那樣有用，因為一般的硬體植入是完美地形成，而它們很明顯地是一個假的而非真的信號，它總是會以某種方式變髒。沒有理由讓校準變髒，而真正的盲植是髒的信號，將呈現一個更為真實的挑戰。無論如何，內漩小組自我施作的盲植成了爆發小組討論的「開胃小點」。

爆發小組通過偵測檢查清單。他們解釋說，雖然以作為一個時間巧合來說，秋分事件也許不是非常突出，但當運用偵測器的波形同調性測試時，它獲得了更多的意義。對任何一個時間巧合進行同調測試一直是合理的，而且是盒子打開前就已經計畫好了。內漩小組還報告說，他們有些顯著意義的東西符合爆發小組的發現，但並沒有強烈地出現在內漩搜索當中。爆發小組的發言人最後，以他們所看到的沒有什麼是「準備好可以出門」*作為總結，他們僅僅是來匯報工作進展。不過，他們說，若沒有將其視為人造事件的爭辯，他們希望把這個結果送交偵測委員會。

* 譯註：可以正式發表。

盲植挑戰背後的動機是進行一些社會和心理的工程，從而使研究社群擺脫消極的心態。明明知道數據可能遭到盲植，科學家就必須準備好要找到些什麼，而不僅僅是拒絕一切。在更詳細地解釋這一點前，且讓我先釐清剛才提出的，有關這個挑戰背後想法，此一說法的真實程度（truth-status）。這個論據的基礎還含括了我在第一章中所宣稱的狀態：「完成（eLIGO）最大的壓力來自有些科學家相信，加倍的靈敏度將會是首次重力波偵測之關鍵。」

這些說法的真實程度就是，當我在社群中「到處混」（hung around），扮演著準成員的角色並獲得「互動的專業知識」（interactional expertise）時，所聽到的那些。[1]現在，這樣的說法並不能說明這是每一個人被告知的動機。我聽到的一些對話與解釋，都符合我持續發展中的理論，也就是我涉入其中的社群是如何運作。我並未試圖做一個具代表性的問卷調查，來了解有多少人認為「這樣」，以及有多少人認為「那樣」。因為我認為到處混、找人講話、盡可能地互動，而且盡可能地成為像自己正在研究那個社群的成員，比問卷調查更能揭露真相。我並不反對將問卷調查作為額外資訊來源，也不時試著使用這種方式，但我不這麼做往往是因為它們並不可靠，而且會適得其反。[2]問卷調查之所以不

1 「互動的專業知識」這個概念，是由柯林斯與伊凡斯在2007年所發展出來（Collins and Evans 2007）。它是指在沒有實際執行能力時，透過深度浸淫在技術的討論，以獲取專業知識。實驗測試顯示，它可以生產出堅實的技術判斷；在執行新的計畫時，它是管理人員所依賴的關鍵專業知識。（Collins and Sanders 2007）

可靠，是因為回答的人很少；可能會適得其反，是因為這會讓你自絕於研究社群之外。你的朋友是透過與你交往了解你，而不是讓你填問卷，問一些關於你的吃喝、閱讀習慣——這些無論如何不會超出網路約會第一輪自我介紹才會問的問題。最後，我要的是比個人動機加在一起更多的東西。我在找的是討論的「精神」（spirit），這是透過可以或不可以合法地公開陳述來表現。我要尋找的是在其他地方稱之為「型塑意向（formative intention）的發展」或合法的「動機詞彙」（vocabulary of motive），而不是試圖找出一組不同的個人腦袋中的東西。要找出一個人腦袋中的東西是法庭那類地方的工作，那工作極度困難，而且很明顯容易犯錯。我沒能力做到這一點。我的方法是把人們對我說的那些東西，視為他們在當下「可說的」（say-able）的想法，而非尋找他們的「真正」動機（即使我們在某種程度知道自己的確切動機）。我稱之為「反犯罪調查原則」（Anti-Forensic Principle）。反犯罪調查原則表明，社會學關注的是文化的本質與「邏輯」——在這個情況下，指的是發展中的在地文化，而不是有罪、無罪，或任何特定的人的動機。獲取對文化的本質和邏輯的理解，是透過在咖啡廳和走廊的聊天，而不是做問卷調查。[3]

2　隨後舉例說明。

3　研究者的互動專業知識（Collins and Evans 2007），對第一人稱中表達的科學主張和問題提供保證，或在沒有進一步理由的情況下提供簡單說明。關於「型塑意向」，見 Collins and Kusch 1998。關於「動機詞彙」，見 Wright-Mills 1940。首次運用反犯罪調查原則，見《重力的陰影》（412）。

但實際上，各方的科學家們是在實施盲植挑戰之後沒多久，才對這為何是件好事，提出不同、或擴大我先前所提「改變心態」的解釋。有科學家指出，這些其他的原因才是盲植最初的動機。我不能確定這些原因，究竟是或不是至少一部分人最初的動機因素。但那不重要：社群中有相當比例的人認為它被執行是為了要改變社群的心態，而這樣想很有道理，因為有人認為心態需要改變。但，毋庸置疑，這個挑戰也符合了其他的企圖，即使那些企圖並非其驅動力。其他企圖我將會在適當的時候加以說明，但首先來檢視「心態問題」。

一個心態是如何建立，並傳遞給社群內新的一代？在很大程度上，是透過聯繫到「神話」或講述「戰爭的故事」。在這個脈絡下使用「神話」一詞，並不意味著一個虛構的記述。相反地，它指的是在我的《錢伯斯字典》（*Chambers dictionary*）中，關於這個詞定義的第一部分：「一種神或英雄的古代傳統故事，特別是提供某些事實或現象的解釋；具有隱晦意義的故事。」這裡沒有神，甚至也沒有英雄，只有反英雄，而且意義並不隱晦。主題是約瑟夫・韋伯和（或）「義大利人」，以及他們被不斷流傳的惡行故事，還會以「像這樣分析數據，會與約瑟夫・韋伯所做的冒上一樣的風險」，或「這樣的主張就是和那些『義大利人』做一樣不負責任的敘述」這樣的字眼，來喚起人們的記憶。每當需要進行一些有關數據分析的判斷，你就可以在干涉儀會議的走廊聽到有人重複這些措詞。回顧這些故事為新的科學家們提供了行動的指南，同時也強化那些已經知道如何行動的科學家們的成見。意圖以任何其他方式行事是違犯禁忌，而其行徑將視同科學上的墮落。

約瑟夫·韋伯與統計

現在普遍認為，韋伯得到的結果其實是透過事後操縱數據所取得，雖然這一點從來沒有得到明確證明。[4]韋伯有一種「微調出信號」的傾向。正如我在《重力的陰影》一書中所說的，假設韋伯真的這麼做了，如果這是在第二次世界大戰中指揮一艘潛艇驅逐艦，那他這麼做很好。當你正努力地尋找一艘潛艇，你會來回調整偵測儀器的旋鈕，直到調整收到洩露蹤跡的迴聲。如果潛艇真的在那裡，是否找到它，關乎生死。如果真的在那裡，你卻沒有找到，你的同胞很可能會死。如果你「找到它」，但實際上它不在那裡，最糟的也不過是浪費一些時間，可能還有一些彈藥吧。在潛艇追逐中，選擇一個會導致假陽性的策略，比選一個假陰性的要好得多，一個嫻熟的指揮官為了要找到潛艇，即使以為數不少的假警報作為代價，也在所不惜。

但是微調出信號在物理上是危險，或至少在探索性物理中是如此。假設已經確立了一個標準，即對應於某種潛在發現的數字組合能夠被視為一個真正發現；且由於機率，每一千次搜索中，只會有一次偶然發生。微調出信號的麻煩在於，每次調整微調旋

4　除了糟糕的統計學，韋伯可能在許多方面都曾犯下錯誤；只是統計學的解釋成了一種標準說法。

鈕都代表一次新的搜索。因此，如果你扭動旋扭動弄了一百次，那就表示你在發現這千分之一機率的偶然之前，已經做一百次的搜索。這個在單一搜索中可能每千次才出現一次的事件，就變成是在一百次搜索的組合中，每十次出現一次。因此，如果你只報告了那些搜索中的一個，那起事件就會看起來像一個發現，但它完全不符合一個發現的標準。*

如果最後一段的意思在當下不是很明顯，那麼就值得回過頭把它搞清楚，因為接下來將有大量的內容都得依賴它的邏輯。請記住，這本書一個主要的宣稱就是，一個發現不論是以一個多大的單一讀數（unitary reading）呈現，實際上也只是歷史洪流中一個渦流，是看似靜止的水中的一個小區域罷了。如果依照前一段的邏輯，我們可以看到，一篇論文聲稱其有一個千分之一價值的發現——若要比喻，就像是湍流中一片未受擾動的水——也許只是正以相當於十分之一事件的速度盤旋著。這一切都取決於那一刻渦流的上游發生的一切，諸如水是否被許多旋鈕扭動所干擾。請注意，報告結果的科學論文中，一般並不會提及上游扭動了多少次的旋鈕——論文只會報告不可能性最終的計算結果，而這就是為什麼它會造成如此的誤導。要了解一個已發表的統計聲稱的真正意義，你必須橫跨在歷史學家和偵探之間。而且，正如我們在

* 譯註：這裡假設，一千次的搜索中，出現一次的事件，僅為機率巧合，不能視為發現。若是出現機率高於這個數值，則可以視為一個發現。在一千次搜尋中調整旋鈕一百次，相當於每十次搜尋即調整一次旋鈕。若在該期間發現一次事件，不可視為十次出現一次。之前每次調整旋鈕的搜尋次數也應該要計算在內。

接下來將看到的，你還得會讀心術。

統計報告雖然呈現出來為永恆的讀數，實際上應理解為歷史的敘述，而這正是我們無法確切得知約瑟夫．韋伯的「結果」是否真的是所謂「統計按摩」結果的原因之一。要知道這些，就得確切地知道約瑟夫．韋伯到底對他的旋鈕做了什麼，但我們不知道。這件事被人們相信至此程度，它已經成為一則重力波探測領域的神話，或是不斷傳頌的戰爭故事。然而，這是會帶來實際後果的。這使得整個重力波社群對何者可能出錯極為敏感。這當然對心態造成很大的影響，當科學家們如果想要把一個明顯的信號當成沒什麼說服力發現，這正好提供了他們在辯論中可以轉向的資源。

「義大利人」

並不是所有的義大利人都是「義大利人」。當有人在 LIGO 社群提到「義大利人」，他或她想到的是那些進行低溫棒實驗，以義大利高能物理實驗室為根據地，其名號靠著它位於羅馬城外的小城鎮弗拉斯卡蒂，而廣為人知的一個特定小組。這批弗拉斯卡蒂物理學家，有些在羅馬的大學也有職位，他們因而也被稱為「羅馬集團」。那裡的「義大利人」大約有六個。如同約瑟夫．韋伯，今日「義大利人」也被用於與神話連結和心態建立。

在過去的五年裡，世界各地的偵測器小組都聚集在一起，分享彼此的數據。早期，每一個新的偵測器小組都會認為只要達到了技術突破，終將實現那難以捉摸的偵測。但在每一個案例裡，經年累月令人沮喪的工作後，證明了無論如何都不可能在很短的時間內達到當初所承諾的靈敏度水準。LIGO是唯一在靠近預定時間表內，達到或接近達到設計靈敏度的團隊。儘管它是迄今為止最大的團隊，也晚了三年左右才達成它所承諾的里程碑。還沒有其他干涉儀團隊像LIGO一樣，曾經如此接近其設計靈敏度。

在目前再度重掌兵符的高能物理學家，巴里．巴利許（Barry Barish）領導下，LIGO的政策是將各國際團隊結合在一起。* 在重力波偵測的邏輯下意味著，從長期來看，數據共享是不可避免的，因為只有經由「三角測量」（triangulate）廣布於地球上的偵測器所看到的信號，才能定位出訊源的方向。每個單獨的偵測器幾乎對重力波的方向完全不具敏感度，從而需要四個離得相當遠的偵測器來精確定位訊源，且在不同的時刻發揮作用，也就是該信號——假定以光速前進——打在每一個單獨偵測器的瞬間。巴利許習慣在像歐洲核子研究組織（European Organization for Nuclear Research, CERN）這類國際合作團隊中工作，所以對他而言，串連起各個團隊是件很自然的事。

Virgo偵測器座落在比薩附近，是唯一可以與LIGO抗衡的偵測器，兩組打從一開始就是競爭關係。Virgo具有更好的懸吊，原則上應可偵測到頻率較低的信號。由大黑洞組成、共同盤旋的二元系統應會長時間發出低頻率的重力波，較高頻率的偵測器

* 譯註：本書寫作時間為2009年。

看不見這種波，但它其實卻具備容易辨識的特色波形。[5]還有許多LIGO無法看到的低頻脈衝星，它們的信號將隨著時間累積，建立起自己的特徵。這給了義大利－法國隊伍進行獨立偵測的機會，即使他們只有一個3公里臂長的偵測器，而不是兩個4公里的，無法透過兩台機器之間偵測到信號的時間巧合一致來支持其宣稱。

對所有小組而言，過多的競爭都可能會致命：假設LIGO看到了一個事件，而Virgo沒有？Virgo可能會堅持認為這表示LIGO的宣稱有某些錯誤。我不知道這是否是巴利許或其他任何人的部分動機，但在這樣的情況下，借用詹森（Lyndon B. Johnson）的話：最好讓每一個人都在帳篷裡面朝外撒尿，而不是讓某個人在帳篷外面朝內撒尿。

如果預期中的高頻性能達到之後，必須再經過一段時間，才會看到Virgo特別優異的低頻表現，這種狀況讓主要團隊之間的協議變得更容易。確實，有相當長的一段時間，LIGO具有較佳的低頻性能，再加上尚無人能讓首次發現儘快露出曙光，冷卻了競爭的熱度。差不多到了2006年年底，Virgo和LIGO科學合作團隊（LSC）同意合作並舉行聯合會議，其中已經包含了GEO 600。這個合作團隊被命名為LSC-Virgo。笨拙的名稱暗示

5 我們仍不清楚在宇宙的有限生命中，是否有時間形成壽命接近尾聲的大型雙子黑洞。（譯註：2015年首次觀測到的重力波，即是壽命接近尾聲的大型雙子黑洞所造成。）

著就各方面看來，機構上的合併不會是完整的合併。正如我們將看到的，殘留的猜疑會在故事中發揮作用。[6]

問題的關鍵是，就如同在LIGO裡的成員，在LSC-Virgo中有許多義大利人對「義大利人」有一樣的態度。的確，身為同胞，他們可能會對「義大利人」所做的事情感到更尷尬。基於一些事實，在這些關係中，「結構平衡」的問題會因為某些因素而更顯複雜，其一是「義大利人」成員之一，歐亨尼奧・科恰（Eugenio Coccia）已成為義大利物理學領航機構之一、格蘭薩索國家實驗室（Gran Sasso Laboratory）的負責人，其二是已有為數不少的「義大利人」加入了LSC-Virgo合作團隊。其間的張力可用我有個在LIGO的朋友說的一個笑話來加以說明。他聽說有幾個「義大利人」今後將出席門禁森嚴的LSC會議，就回了一句電影《奇愛博士》（*Dr. Strange Love*）裡的對白，「但他們會看到大黑板！」（but they' ll see the Big Board!）[7]

所以，「義大利人」到底做了什麼，以致成為不良行為的準神話範本（quasi-mythical exemplars）？他們在約瑟夫・韋伯早已名譽掃地之後，持續宣稱已經看到了能量接近於約瑟夫・韋伯宣稱看

6 用《重力的陰影》（665-67）中的話來說，當兩個群體呈現出「系統整合」，足以造成「技術整合」，但是「道德整合」還尚未完備。

7 在電影《奇愛博士》中，「大黑板」（Big Board）位於最高機密的戰情室（war room），標示了美國戰機的位置，以及它們的攻擊計畫。這句話出自一位美國將軍，當他得知一個俄國人被邀請進入這裡獲悉這些計畫，以作為避免意外的核子戰爭最後機會時，便做出了這樣的評論。

到的重力波。更糟的是，在他們公布結果的兩個案例中的信號，與約瑟夫．韋伯信號的時間巧合一致。涉及羅馬集團的宣稱總共有四次，其中兩次特別臭名昭著，最後一次則被當成「弟子規」，是今日最常被提到的。

第一次出現是在一篇1982年發表的論文，幾乎沒有引起任何關注，它展現出約瑟夫．韋伯的室溫棒，與由羅馬小組執行但設在日內瓦的低溫棒之間的相關性。這篇論文聲稱找到了具有3.6個標準差（或3.6 sigma）水準統計顯著性的「零延遲過量」（zero-delay excess）事件。請記住，「零延遲過量」是指兩個距離遙遠的重力棒在同一時間更頻繁地強烈震動，而不是讓兩個數據流在時間上有所偏移，造成假的同時振動。這個偏移比較（或說延遲比較、時間的滑動比較，我們可以用三種不同的說法，說的是同樣一件事情）說明了作為僅僅是雜訊之間的時間巧合，應該預期看到什麼樣的結果，也就是「背景」。發現明顯較多真實同步的時間巧合，即暗示了是某些外部原因造成這樣的零延遲過量。

每次時間滑動將產生數量略微不同的（譯註：虛構的）巧合機率。從這些結果可以創建一個方直圖，以顯示在完整的時間滑動中，不同的虛構時間巧合出現的次數。我們會發現直方圖的峰值落在這些虛構時間巧合的平均值，離平均值越遠，出現該時間巧合的時間滑動個數越少。當你朝右一路看到直方圖的尾巴，那裡已經離平均值很遠了，這時要找到有很多或很少時間巧合機率的時間滑動，機會就很低了。一個3.6 sigma的結果意味著它僅僅是從雜訊的時間巧合偶然產生，大概每一萬次才會出現一次——某種程度也就是說，出現在直方圖的尾部。*在心理學或社會學的領域，3.6 sigma的結果相當於提供了一個不可思議的信心水準，這些領域習慣接受2 sigma（或說5%的機會），但這對當代高能物理來說根本不算什麼。他們比較喜歡5 sigma，這是指有百萬分之一的機會。我們之後會回到關於信心水準選擇的問題，但就目前而言已足以注意到的是，「義大利人」與約瑟夫．韋伯曾在1982年一起發表過強到足以令人困擾的結果；如果有人注意到它的話。但沒有人注意到它。

更受注意的是一篇1989年論文，該論文是羅馬集團與約瑟夫．韋伯之間再次共同努力的成果。他們在這篇論文中宣稱，他們各自的室溫棒（這是當時唯一「上線」的偵測器）已經偵測到一顆超新星發出的重力波；這顆超新星就是著名的1987A，我們不但可以在地球上看到它，還可以偵測到它所發射出的微中子通量。他們在該論文中計算出要讓偵測器看到重力波需要的能量，是兩千個太陽質量的總消耗量。一個超新星消耗這麼多的能量並不合乎已知的物理學或天文物理學，但他們還是不顧一切地發表了，行使了實驗者看到理論上不可能之事的權利。他們公布的結果也引起了一陣騷動，因為這時有個積極資助LIGO的活動，如果這個結果是確定的，那麼龐大和昂貴的LIGO所依據的假設就是錯的了。這結果受到科學新聞媒體的關注，但很快就被大部分

* 譯註：這表示不太可能只是因為運氣機率所出現的偶然事件。

的物理學界社群裁決無效。

下一個「不良行為」的事件發生在1996年，羅馬集團與位於澳大利亞珀斯（Perth）、由大衛・布萊爾（David Blair）帶領的小組在一場會議的演講上，宣稱已經找到他們的重力棒之間具有暗示性的時間巧合一致。這個結果從未送至期刊，但在數個會議中都曾被提出討論——因為布萊爾的一意孤行，而這也使得當時處於草創時期的干涉儀社群感到極度厭煩。羅馬集團當時的領導人奎多・皮塞拉（Guido Pizzella）告訴我，對1987A超新星宣稱的種種反應讓他覺得傷痕累累，因而不願意讓自己暴露在更多的輕蔑之下。但是，布萊爾在1996年告訴我：

> 我認為這是不對的……因為這些一直以來都有的喧擾而拒絕接受數據……(我們)不會被那些有自己議程的人所霸凌。我們相信，我們所看到是合理而有趣的，你應該如實訴說這個故事——如它所開展的那樣。

布萊爾做了場大會演講。

能量計算的問題再次顯示，如果珀斯和羅馬看到了什麼，花費數億美元背後所憑藉的假設就是有問題的。干涉儀社群成員為此大怒；他們認為每一個「嚴肅的物理學家」都應該接受以下這個前提：要偵測到重力波，尤其是這麼大的數字在重力棒上顯示出如此明確的「零延遲過量」，就必須等待干涉儀的靈敏度再往上提升幾個數量級。從干涉儀涉群的角度來看，這些宣稱唯一達到的目的就是製造麻煩，喚醒了那段約瑟夫·韋伯可恥主張的時光，並在一個已經充滿懷疑的科學界，把重力波物理學投射成一個更加詭異的形象。

最後的事件是「義大利人」在2002年11月發表的論文，宣稱在2001年看到兩支他們自己的低溫棒之間的時間巧合一致，這兩支低溫棒一支設在弗拉斯卡蒂，另一支設在日內瓦。在國際重力波物理社群日益整合的此刻，這項發表就像是顆震撼彈，因為在該論文在被投到期刊之前，社群成員就已經讀過，並試圖打壓。[8]「義大利人」早知道他們沒有辦法在以LIGO為中心的團隊裡找到友善的評審，所以直接進入《古典和量子重力》（*Classical and Quantum Gravity*）期刊的同儕互評程序，而該期刊發表一些表面上看起來有趣的結果。它特別有趣之處在於，零延遲過量的時間巧合集中在一天當中的某幾個小時。以其一整年在時間上推移的方式來說，這幾個特別的小時，暗示其能量的來源與銀河系有關，而不是太陽系。

這種說法呼應了韋伯早年對他自己的結果的說法。不幸的是，在韋伯的案例中，這個效應在一段時間後消失，且完全不被列入考慮。這種主張的強大之處在於，時間巧合的擾動是來自與太陽日（solar day）相關的假訊源——當地球面向與遠離太陽，從

8 《新科學家》（*New Scientist*）選擇報導這項爭議（2002年11月9日），但發現一些物理學家不願對他們的報導提供意見，便寫了一篇社評，標題為「對科學爭議保持沉默不是個好做法」（Hushing up scientific controversies is never a smart move.），讓這一切更加火上添油。

而使得不同的東西被加熱和冷卻，以及潮汐力量發揮作用等等，都會產生許多吱嘎或呢喃的雜訊——這一點很容易想像，但聯想到與恆星時鐘（sidereal clock）相關就很難了。隨著年歲流逝，恆星時鐘對應著太陽時鐘（solar clock）的變化而變化。在地球繞著太陽運行一年的過程中，以銀河系中心為參考，在任何一天的時間內，其定位方式會歷經一個完整的週期。例如倫敦在某個日期的中午如果是面對銀河系中心，三個月後它會側面向著銀河系中心，再三個月後就會變成背向著銀河系中心，再經過三個月它又會側面向著銀河系中心，不過這次側的是另外一邊，三個月之後又會回到正面對著銀河系中心。如果由一對重力棒所看到的叢集信號是以與此相同的方式在時鐘上推移，即暗示了導致該叢集的原因是銀河系，而不是太陽。如果不是重力波，很難想像它可能會是什麼。

反面的觀點看起來有點像言語攻擊，認為這個叢集的數據統計經不起檢驗。再一次，統計分析被認為是一種一廂情願的想法。如果計算正確，叢集的真實統計顯著性只有1個標準差——這相當於沒有。計算是否完全正確端賴精巧細微的統計思維，這一點將第五章討論。這裡要探索的是對這宣稱的反應。

2002年12月在京都舉行的國際重力波委員會（Gravitational Wave International Committee, GWIC），協調整合全球各種重力波探測項目，包括低溫棒偵測器和干涉儀計畫。也討論了羅馬集團發表的論文。以下的討論摘錄可看出場中論辯的態勢。會議主席，同時也是LIGO計畫的主任巴里・巴利許，是如此介紹這個研究項目：

當我們開始在這個社群中取得一些結果，我們就需要搞清楚自己的指導方針和標準。對於那些來自社群外的人，持平而言這個社群的口碑並不是很好——在過往歷史裡沒有經得起考驗的成果，讓社群不被看重。因此我認為建立信譽並把事情做好，這一點非常重要。

我來自粒子物理學社群，那裡已經有很多優秀的、令人興奮的成果，但也有錯誤的。該社群多年來已發展出某些方式來呈現並查核結果，或許並不適用於這裡的模型，但至少是我們應該討論的。

對我而言，有幾件事情激發了討論。一個是在LIGO中，我們才達到將要產出我們自己的結果的程度……我將呈現目前計畫的願景，但它仍在發展中——我們如何經歷對結果的保密、如何呈現，以及我們讓這些結果以何種方式發表。最近有一篇論文，呃，呃，你的團隊（指著出席的「義大利人」其中一位成員），有一篇論文的發表引發了一些問題，我想，我要把這些問題提出來，所以我們把它們帶入討論。

首先我要說明一些想法，並向你們展示一幅我們的圖像，這個想法可能並不正確，但至少我可以告訴你它的原因。它們來自粒子物理學的一些經驗。某個想法第一次提出的時候遭到眾人反對，但最終卻獲得發表，在粒子物理學中

> 有很多這類的歷史。有一定的審查程序絕對是有益的。而且在我們自己的社群中，我建議在發表之前需要一些這樣的程序……
>
> 對一個其過去歷史並未完全可信的社群來說，這可能是非常重要的——你必須建立信用，如果人們要相信這一領域產出的結果，你必須建立起信譽……
>
> 當我們的研究有了結果，我們的確需要一個大家都試圖遵循的規則——不見得百分之百——我們試著遵循相同的規則來呈現結果，讓我們的論文在出手時，其資訊包含了最佳的結果，而不是在發表後才進行辯論。如果在它們發表之後才進行辯論，我認為會造成非常嚴重的問題。在社群內部，這樣做就算可以讓事情變得非常正確——它可能是對的、也可能是錯的；但現在卻使得整件事有了爭議——並沒有這個必要。

同樣也是LIGO計畫的主任，加里．桑德斯（Gary Sanders）的評論如下：

> 比方說，有一篇論文出來之後，整個社群回過頭來說我們不相信它。假設出現這種情況。你寧願自己是哪一種？是在預印本出來之後，但尚未正式發表，論文的作者有機會聽到並思考這一點；或是你已經提交發表，並在事後聽到它。現在寫成白紙黑字了，現在就如（……）所

描述，這領域有些分歧了。這領域分裂為那些願意（去）承擔更多可能的風險的人，以及那些希望將這一領域帶往對話方向的人。

對此，羅馬集團的發言人提出以下回應（英語稍經編輯）：

首先，請容我說個兩句。宣傳，我真的不想宣傳。《新科學家》雜誌的記者有因為那篇刊登在《古典和量子重力》的論文打電話給我。對於那篇論文的標題、摘要，以及最終結論，我們都是以一種非常謹慎的方式寫作。這不是一個宣稱——它不是一個宣稱——它只是個結果。即使有分析也只是很簡單的分析——我的意思是，文中只報告了時間巧合與時間的關係。它描述數據選擇的程序。這是非常簡單的，要我來說，它根本就十分簡陋。統計分析的論文將在本次大會由皮雅．亞思頓（Pia Astone）進行發表。而現在，國際重力波委員會提出了一些指導方針，我們未來可以依循這些步驟。

我可以說，在沒有國際重力波委員會的指導方針時，我們遵循的是我們小組的方針。而我們小組一直有自己的指導方針，像其他許多社群一樣，我們會將論文送到期刊、對審查人沒有任何限制、期待審閱報告，然後根據最後結果決定是否修改論文。然後，一旦論文被接受，就會在社群中流傳。

我想這是很多人都經歷過的過程。只有當它被期刊接受，人們才會把一篇論文放在網路上。並非所有的人，但很多在實驗領域的人都這麼做。所以這只是依循前例罷了。

巴利許的回應是：

但是，並沒有那麼多領域被《新科學家》挑中。這就是為什麼粒子物理學不那麼做。因為被挑中、且大眾非常關注的領域是異類——你就像住在魚缸裡——這是一個完全不同類型的環境。所以，你說的沒錯，但我不認為你能把（那些行徑如你所言的人）歸類為一個受矚目的社群。我們是一個受矚目的社群。

羅馬集團發言人接著說道：

讓我說點別的。那時當然已經發覺到這不是一篇普通的論文，因為我們可以感覺到，自己碰到了某種可能是重要的東西。因此，我們在小組中討論應該如何進行。首先，我們做了很多的管控……接下來我們討論是否應該先發預印本，或直接把論文送到期刊。大多數人的意見是我們應該直接送到期刊，並接受審查人的報告，作為程序的一部分，審查人即扮演了社群樣本的角色，讓我們這麼說……

我不得不說，審閱報告表示它非常好，所以，如果論文是正確的，我們為什麼不傳播這項資訊呢？我們讓它得以為人所知：我們呈現準確的時間和事件的日期，並提供社群資訊，當其他團體對銀河盤面（galactic disk）有很好的指向時，他們就知道該注意當下是不是有閃光信號、是不是有X射線，在這些時間是不是有伽瑪射線。還有其他方式能告知每一個人嗎？當然，你可以把東西放在網路上，但你也可以發表……

他後來說：

作為小組的領導人，我個人為什麼接受我們應該發表論文的原因在於，它並非作為一個宣稱，或作為一個證據來發表，它是報告，在偵測器本身性能最佳的狀況下，取得的一個時間巧合一致的研究，我心裡想的就只是這個——這不是一個宣稱，只是一個**暗示**（我的強調）。同時宣布我們將如何進行下一個分析。因此，之前我們說過參數是什麼，我們做了選擇、篩選、程序，然後運用程序，我們發現了某些東西。那不是宣稱，但它給出了某些東西——比方說，可以藉由它修正程序以尋找下一個，並有助於社群中的討論，讓人覺得以某種方式進行（事情），可以看到意想不到，但可能是非常重要的東西……
我完全理解這個領域有多敏感，出於這個原因，我們發表

> 的論文是作為時間巧合一致的研究，而不是宣稱，而且我們完全沒有找記者。有些事發生了，儘管我們的態度不是因為它。

一個非「義大利人」的義大利小組的代表總結了一些他們的擔憂：

> 我認為，我們在討論的是不同的東西。這是一個受矚目的領域，因為有很多公共開支都花在它身上。之所以擁有很多公共開支，是因為這是物理學的一個前沿領域，而我們都同意這個領域的聲譽非常重要⋯⋯

其他的義大利人，而不是「義大利人」小組，因此與LIGO小組同樣關切這個問題。

山姆．芬恩（Sam Finn）在2003進行了一項統計分析，認為與銀河相關叢集信號的統計學顯著意義實際上只有1 sigma，因此代表沒有東西。這個研究發表在《古典和量子重力》，作為回應羅馬集團的那篇論文。「義大利人」回覆了此一指控。但是他們的反應並沒有發表在期刊上，電子論文預印本服務器成為它最後的歸宿。也就是說，就大部分重力波偵測社群而言，那是2001年時間巧合一致的發現，與2002年的發表的終結。我相信不論「義大利人」是對是錯，就其發現而言，統計的論點相當發人深省而不該就此被遺忘。這一點將在第五章詳細地檢視。

發現作為二元事件

統計強度很弱並非對「義大利人」唯一的指控。還有另一個傳聞中的指控，但只限於走廊上的討論，並未在公開場合中提出。儘管如此，走廊的討論同樣也是領域倫理精神（ethos）的「形成的」（formative）。這個傳聞說的就是「義大利人」在為自己辯護時行事鬼祟。羅馬集團發言人堅稱，該論文「並非作為一個宣稱，或作為證據而發表，它是在偵測器本身性能最佳的狀況下，所取得的一個時間巧合一致的研究報告，我心裡想的就只是這個——這不是一個宣稱，只是一個暗示」。對羅馬集團來說，用這種方式來捍衛自己的行動似乎完全合理，但大部分重力波社群中的人卻認為這樣不怎麼名譽。1995年，一位資深美國科學家曾引用一些早期「義大利人」的結果，解釋給我聽：

> 在大多數的廣義相對論會議中……他們會以這樣的演講方式來引導你，他們會告訴你數據，他們會告訴你事件，他們會告訴你一些他們完成的統計數據，但那些數據從來不足以讓你敞開雙臂真正地接受。但他們留下了一個誘人的概念，這就是他們玩的兩手策略。如果他們想要進到下一步，他們可以在演講中宣稱已經發現了什麼，或者也可以退一步說：「嗯，是的，也許是統計數據不夠好。」他們把你留在這個節骨眼上……狀況就是，你必須自行推斷。那在當下給了他們之後可以為所欲為的空間，或者甚

> 至是……說：「好吧，如果我們選擇這樣說，我們就是偵測到它了，或者如果我們選擇那樣詮釋，我們是沒有偵測到它，因為統計數據不夠好。」它就是這樣……模糊，OK？這惹毛我了，OK？

科學家們擔心，一項開放不同詮釋的研究宣稱，將太容易被研究人員利用。這種論文之所以出現，是基於預想了一個確認正面詮釋較有決定性的宣稱，儘管工作尚未完成，卻有可能搶了諾貝爾獎；而如果正面詮釋沒有得到證實，也不會有任何損失，因為沒有犯錯——最初的發表過於模稜兩可。

我在本章前面的段落論證了，發現是歷史洪流中的漩渦。但大多數物理學家並不這麼認為。物理學家認為發現是一個有發生或沒有發生的東西：發現的開關可能是「開」或「關」之一，而非介於兩者之間；不是「1」，就是「0」。而諾貝爾獎就是發現世界這種數位本質的聖相。你可以贏得（或共享）諾貝爾獎，不然就是沒有贏得（或共享）諾貝爾獎，但不能好像贏得（或好像共享）諾貝爾獎；一付你好像做了什麼值得贏得諾貝爾獎的樣子，這種威脅將會破壞「發現」這棟龐大的建築，而那已經支持物理科學如此長久的一段時間。

這就是為什麼2009年我在阿卡迪亞的一個飯店餐廳能聽到一位資深重力波科學家告訴我，他不希望他所發表的任何東西變成：

讀起來像是來自2001年——或其他任何一年的羅馬論文，那令人惱怒之處在於它模擬兩可地玩弄著「我們並非真的有什麼很好的證據，但希望你認為我們也許有」。而那篇論文困擾我們。人們或可各自從中汲取不同的結論，但困擾我和某些人的是我們不想被指控為試圖踩在那條曖昧的界線，而實際上我們並無力將榮譽繫於其上……在模擬兩可與曖昧中，我們試圖留在清醒節制的那邊。

這是「義大利人」的「神話」是如何繼續發揮其作用，並構建了在自然界發現新事物的倫理。沒有曖昧。當故事接近尾聲，會再次出現這個觀點。

盲植及其問題

就是在漢諾威會議上，我意外得知（而且我發現自己不是唯一一個感到意外的人）若要追溯起來，盲植的目的之一是為了阻隔新聞針對合作團隊中不尋常的活動／興奮加以炒作，並降低洩密的機會。即使合作團隊開始明顯熱切地針對某個事件展開分析，但直到打開「信封」，沒有一個人能知道它究竟是一個真實的事件，或只是一個盲植。這裡所謂的「沒有一個人」包括「深喉嚨」，除非他們用的是直接查看植入的管道那種最乏味的作弊方式，但事實上每個人也都發誓不會去看；而且記者（和我）根本連去哪裡看都不知道。合作團隊中只有兩個人負責植入，而且就算要拙劣地作弊，也只有他們知道其隨機程序讓他們植入了些什麼，並將其記錄在信封中。甚至還可以經由加密假輸入的植入管道來避免作弊，但科學家們也擔心若真做到這麼複雜的程度，等到他們想在時機成熟時進行解碼或許又會橫生枝節。無論如何，即使真的有人作弊，也不會是向全世界宣布什麼不正確的物理事實，只不過是讓預期的社會工程無法正常發揮功能罷了。

社會工程——這已被認為是盲植挑戰主要目的——意在改變科學家們的心態，從迴避偵測到偵測。他們必須找到盲植，以證明他們有找到重力波的能力。這想法聽起來很棒，但後來變得比想像中複雜許多。其程度超過了包括我在內，任何可以合法地聲稱在理解「社會性事務」上有一定的專業知識的人所預期的。

其最大的危險在於，盲植可能會出現與預想結果剛好相反的效果。自雜訊中提取出信號是項非常龐大的工作。如果科學家們認為這些工作是被浪費在一個人造物上面，他們很有可能不太願意做！一位科學家這樣說過：「你所有的熱情都被吸走……它正在亂搞你的腦袋……以一個複雜的方式。」持有這種意見的科學家並非少數，另一位科學家表示，對他而言，這有一個非常真實的後果：

> 我早就斷定（秋分）事件是一個盲植，也不會很急切地想去檢視它。我就是不願意不顧一切去追著一個刻意的誤報（雖然我很高興別人會這麼做）。

另一大問題是，相當多的精力都不是耗費在找出該事件是否是一個真實的信號，而是實際上是否只是個盲植。這完全超出此一演習的精神，但如果可以釐清這實際上是一個盲植，那麼採用上面引述科學家的做法可能頗具吸引力。

當它發生時，有些線索可以暗示此事件比較可能是一個盲植。首先，整個演習是在相當晚期才會到位，在被稱為S5最後兩年／一年的運轉之後，而該事件正好落在正確的時段；這讓其為盲植的可能性大約是3：1。其次，LIGO和Virgo之間的合作是相對晚近的事，不可能在Virgo植入相應的信號。因此，該事件必須發生在對Virgo而言比較不敏感（與LIGO相比）的頻率波段，才能使得它可以被LIGO看到，但卻不會被Virgo看到。圖3

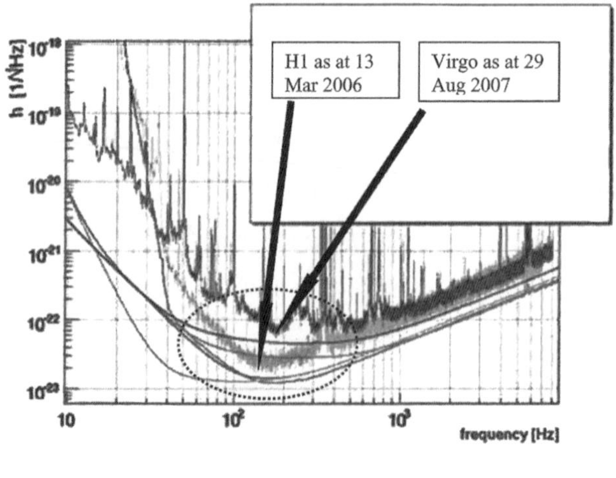

——圖3——

Virgo和H1的靈敏度。

顯示了Virgo和H1的靈敏度。Y軸顯示的是靈敏度，能夠看到越小的應變（strain）越好；而X軸表示頻率。橢圓虛線標示出的區域表示以LIGO的靈敏度足以看到一個小事件，但Virgo不能。如圖所示，這個波段大約100赫茲或100週期／秒。

將盲植限制在這個波段意味著在Virgo沒有信號不會成為一個明顯的破綻。這起事件確實是發生在那個低頻段，因此對於那些傾向於如此認定的人來說，這雖然不是一個明確的指標，卻也大大增加該事件是植入的可能性。許多科學家都覺得如果第一個重力波偵測正好符合盲植演習所要求的限制參數空間，那就真的是太巧了。

關於盲植演習的效用還有另一種解釋，不過這個解釋對我而言無效，就是它會讓分析師冷靜下來，萬一發現了有希望的候選者，這將讓他們考慮更為周詳，並進行更可靠的分析。這個觀點也將反應在本章最後的對話當中。

那段對話還反應出另一個問題，就是隨著盲植而來的事件發展序列，是否真的與伴隨著真實事件而來的狀況相同。換句話說，這過程在哪裡結束，什麼時候打開信封？信封保持彌封的時間越長，就等於有越多的時間浪費在這個造假的演習上；信封打開的越早，就越不像一個真正事件的分析，而是假的分析。因此，之前的想法是將信封保持彌封，直到讓小組完成論文草稿，就像真的要發表的樣子。然而，最後他們只寫了摘要，因為正如我們所看到的，光是要把那做出來，就是一項令人相當不舒服的時間耗費與勞力密集的工作。更令人擔憂的是他們與觀測電磁光譜——X射線、無線電波、伽瑪射線暴等的天文學家小組建立了協同合作。正如前面所提，一開始是想讓這些小組得到警示，讓他們可以在自己的波段尋找與重力波有關聯，且是出現在大致正確的大方位上的爆發。但是，一個人可以讓這許多小組浪費時間在可能是植入的東西上嗎？這個問題似乎並沒有獲得解決。

表1是關於盲植想法優缺點的總結。

我在2007年10月進行了一個小小的調查，找出爆發小組的

優點
• 鼓勵分析家努力工作，因為應該有個東西得去找出來。 • 懷疑者可能會被打臉，他們說不值得探求的東西，竟然可能是個植入。 • 不鼓勵分析師工作太賣力或太執著，所以工作可以不慌忙，但仔細而審慎。 • 有助於對可能的發現保密，因為它們永遠可能是一個植入——至少可以對外界這樣說。 • 在發現真正的結果之前，有機會排練偵測程序。
缺點
• 不鼓勵分析師努力工作，因為他可能把時間浪費在一個植入，而不是一個事件上。 • 分析工作失去了興奮感，人們變得只是聳聳肩，而沒有熱情。 • 寶貴的分析與思考的時間會浪費在人造物上；造成假的和不必要的興奮。 • 不能一直這樣下去，因為它會浪費越來越多的時間（例如對電磁小組而言）。 •（更多相應缺點將在第七章進行討論。）

——表1——

盲植的優點和缺點。

它是植入	它是一個信號，雖然它可能不夠格作為一個發現宣稱	它是相關雜訊
45	45	10
85	5	10
40	30	30
40	20	40
75	10	15

——表2——

2007年10月，關於秋分事件可能是什麼的一個小調查。

科學家如何看待盲植。不出所料，只收到了五個回覆，但分歧之大，非常有趣。表2即是科學家們對於秋分事件本質的感覺的回覆，受訪的科學家必須回答三種可能性的機率，總和為100。

在漢諾威咖啡時間的討論

在漢諾威會議中，我自己在咖啡時間與四位科學家討論了一下這個事件。下面是我們的對話：

柯林斯：關於爆發事件接下來會如何發展，我相當感興趣你的猜測首選會是什麼。

A：這會被宣布為一個植入。

柯林斯：是的，但如果它沒有被宣布為一個植入呢？

B：麻煩的是，它看起來像很多其他的東西，這讓事情變得很困難。但我們又不能把它扔掉，如果它是統計上的高度顯著意義，所以我們不得不寫篇論文……我們可能不想要一篇偵測論文，所以我們必須寫一篇論文說：「我們看到了一些東西，但我們不能肯定地說這是什麼。」

A：我的感覺是，這將是一個非常有趣的候選者，但我認為我們目前不會發表只奠基於少數幾個重力波事件的結果。如果它是目前唯一的事件，那麼我們必須要看到更多。

B：我們必須發表些東西，否則我們將沒有來自S5的爆發論文，這會是唯一的選擇，這也將是……

C：否則，你就是正在對它做飛機（譯註：飛機事件）的事，你把它扔了，卻沒有任何把它扔出去的理由。

B：沒錯。

D：所以我覺得會發生的狀況是，在決定它是否是個盲植之前，我們必須做個決定。如果我是個賭徒，最後也會說它的底牌可能是盲植，但我們在知道之前就必須做出這樣的決定，這倒是滿有趣的。

C：我不認為我們在決定這麼做的時候會知道盲植可能會造成什麼樣的成見。

D：哦，這是一個巨大的成見。

B：另外，在我們打開信封之前，總不能去問其他天文物理學界的人，他們在差不多的時間是不是有看到一些東西——好吧，我想我們可以這樣做，但這樣做似乎是瘋了——在我們打開信封之前。

A：不，我認為我們可以這麼做——「您看，我們這裡有一個程序，我們會做盲植，因此這個候選者可能是一個真正的事件，也可能是盲植——我們還不知道，但想了解您哪兒在這個時間是否有過任何事件。」……這樣可以讓他們不那麼興奮，但前提是你一年只做一次……。

B：我認為盲植實際上豐富了人們的行動。如果沒有盲植，我們會有不同行為，也許盲植幫助我們的行為在某些方面更誠實了一點。

C：而且我們比較冷靜，因為有盲植。

B：但也許我們把它看得不夠嚴肅——因為有盲植。

……

C：但不要忘了，盲植做的另一件事，那是個很大的隱憂，假如找不到說法，假如沒有盲植——我們又找不到一個解釋為何不希望把它當成一篇重力波的論文發表，而且我們不想為它背書——你知道的，那我們要怎麼辦？把它扔了？我們在S5就不發表了？盲植會讓我們一直認為，得出認為數據中有東西的結論是沒有問題的，因為我們認為在數據中可能會有東西。但你要知道，如果盲植不存在，就會往另一個方向歪斜——會有更多的歇斯底里，有更多把它扔掉的壓力，因為我們會擔心，不知道它是不是變成了另一個飛機事件。

A：你知道，問題是我們要何時讓LSC興奮，以及我們要在何時讓整個世界興奮？我想十年一次的誤報率，讓LSC

CHAPTER

4

秋分事件：中期

THE EQUINOX EVENT: THE MIDDLE PERIOD

2007年10月邁入11月之際，討論的是如何快速推進數據分析。第一個問題是關於是否應該在主分析的黑盒子打開之前開始撰寫論文，並送交到審查委員會。在經過大量的討論後，大家決定不能這麼做——必須先完成完整的分析。而這很花時間。

其理由在於，只有在完成完整的分析之後，才能顯示出秋分事件不確定的程度。只有在完成完整的分析之後，才能真正地了解背景雜訊。如果背景雜訊是「固定的」——也就是說，它甚至橫跨了整個數據段——某人可以隨心所欲地在一個短的數據段中做出許多時間滑動，並隨心所欲地發展出大量對背景雜訊的了解。但如果背景雜訊是不固定的——也就是說，某些段落會比其他的段落受到更嚴重的瞬變干擾——那麼就必須以較長的數據段來處理背景雜訊，以獲得較高的信心水準。這意味著，偵測器的有效靈敏度成為其開啟時間的函數。假設有某個人僅開啟了兩個月就看到了這樣的一個事件，另一個人就必須說「我們不能把這當成一個事件，因為機器開啟的時間不夠長，無法保證這起事件是不尋常的」？或從另一個角度來看，是否應該延長S5階段，給予機器額外的時間，不僅僅更有可能看到事件發生，也自然地變得更加靈敏，因為能夠更有權威地論及事件出現的不可能性。所以，對單一事件的靈敏度也變成開機時間的函數，而這似乎並沒有寫在儀器裝置的設計當中。在此之前，思考的邏輯是看到一個不尋常事件的可能性為開機時間的函數，而非靈敏度。保持更長開機時間另一個非常好的理由是，看到第二個事件將會顯著地改變觀測的信心。

無論如何，完整的分析希望能在2008年1月或2月完成，如此就可以在2008年3月的團隊會議中打開信封。實際上，這個信封直到一年後才被打開——在2007年秋分事件後整整過了十八個月——即便如此，對某些人來說，它還是打開得太早了。

2007年12月

12月的第二個星期在波士頓有另一場會議，在那裡事情似乎越來越呈現一個拖延的狀態。以下是我對當時筆記的一些摘錄。在閱讀這些筆記時，應該謹記在心的是，社會學家的興趣並不總是與科學家的相同，雖然有好些科學家也同樣有著以下所表達的感觸。一個乾淨無可動搖的首次發現，對社會學是個令人失落的結局，然而就此而言，它卻是光輝的科學凱旋；社會學將無法再對其指指點點。同樣地，上限這種程度的科學成功就有些社會學的興趣，除非科學家已認定它們是種成功。就社會學的觀點看來，一個被科學家們爭論不定的結果是比較好的，因為那將呈現出制定決策的過程。以下就是以一個社會學觀點對當時發生的事所做的紀錄：

> 我坐下來讀過一篇又一篇的論文，總是在一開始發現一些有趣的東西，然後以無法與雜訊分離而結束……所有都是「不會是這樣，不會是那樣，一定比這少，一定比那少」——一切開始變得無聊且讓人麻木。為何**不管哪裡**都

沒有重力波的蹤跡。哦，好懷念有約瑟夫．韋伯與義大利人宣稱找到重力波的那些日子。

（某人註記）即便在信封打開之後，發現秋分事件不是植入信號，他們還是必須加以檢查以確定沒有人惡意地植入任何東西，而要好好做像這樣的檢查是很花時間的。可以永遠一直做下去——總是會有另一個檢查要做，而且你還可以再想出另一個；檢查表的結構就像是坦塔羅斯（Tantalus）*的問題——你永遠可以想到一些新的檢查。而事情就是這麼發展的。儀器變得越來越不靈敏。在分析之前，秋分事件滿足了所有的評斷標準，但現在認為那樣是不夠的。他們發明了一個新的評斷標準——不能過於看重時間巧合的單一貢獻，就像典型的雜訊一樣。這意味著儀器在偵測範圍中有另外一個空白區域。科學家說它可以看「這麼遠」，現在它開始運作了，他們則說「它根本不能看這麼遠」……

我對這個事件已經不像當初在漢諾威時那麼興奮……是否因為它是個植入信號而澆熄了每個人心中的激情？還是沉重的歷史擊垮了所有的人？我在一個隨性的註記中（……）指出，就我所知科學史上沒有一個科學家會因適當的處理歷史而被讚許——科學是發現，不是不發現。因為秋分事件是典型的模糊中介事件（liminal），且無法處理，

* 譯註：希臘神話中宙斯之子。

> 所以人們是否只是害怕說不清楚的事？人們害怕必須說出他們將要說的話——「他們不確定」。就算（……）也是說：最可能的事件就是模糊中介事件。而且這意味著如果刪除掉模糊中介事件，你就沒有說出儀器靈敏度的真相。

中期的開始

中期所要做的就是更精細的分析。發生了各式各樣的狀況。進行了更多的時間滑動，故得以更好地定義出背景雜訊。增加分析流程項目的工作也完成了，其中並考慮到不只是時間巧合的事實，還包括分離偵測器信號的同調性。偵測器看到來自天空中某個單一位置的信號，是否就代表這個信號來自單一訊源？分析流程中，這題的答案為「是」，而這意味著該信號大大增加了事件為真的可能性，或是說它不可能僅僅是個偶然的時間巧合。

以下幾張圖可以解讀為，以視覺化的方式圖解正在進行中的統計分析。這些圖是經由電腦提取出預想信號的位置與頻率而發展出來的；因為知道這些信號的特徵，所以可以將適當的濾波器應用於原始資料，進而使其可以在資料串流中被看見。而，這些圖像並非再現出以統計的方法提取出信號的過程，但有助於讓人感受到統計分析中隱含了什麼樣的判斷。

干涉儀輸出原始數據的整個頻率範圍內都有雜訊的覆蓋。如果接受檢視的原始數據看起來像是一條平滑的曲線，就表示低頻雜訊主宰了所有的預想信號。只有當非常強烈的雜訊移除之後，才會顯現出所有的結構。幸運的是，目前已對巨大雜訊的來源有了足夠的了解，因此可以將其濾除，而不會對該處的重力波信號有任何扭曲；整個干涉儀設計的藝術（art）就是要讓雜訊遠離重力波信號所在的頻率，但在機器探索的重力波波段，將雜訊極小化。

圖4顯示了由統計分析驗證過的第二、第三與第四階段，經過濾波處理之後的結果，其中包括有秋分信號的干涉儀運轉數據。第一個軌跡顯示出移除非常強烈顯著的低頻雜訊之後留下的結果。該結果由顯著的高頻雜訊所主宰，將其移除後留下了中間的軌跡。秋分事件的波形在這裡開始浮現，依然伴隨著其他雜訊，但現在就剛好落在目標波段。幸運的是，其中有些現在已經可以清楚地加以理解——例如，由鏡片懸吊線震動所引起的雜訊，它已經可以被清楚地理解與明確地界定——所以能藉由窄頻寬的濾波器將其消除。圖3（頁118）可以看到這種不完美的例子。它們是在某些窄頻率的高突波。等到使用最後一個濾波器將這些突波消除之後，就可以看到信號相當明顯地凸顯出來，如同最右邊的軌跡所看到的那樣。

圖5為使用濾波器後的秋分信號的放大版，並將H1、L1與H2的輸出加以疊合。在電話會議中所討論的統計分析反應了這些線條相互符合的有效相似程度，雖然這些線如圖所示，僅僅是雷同罷了——它們就像是某種隱含於統計中的事物。就如同執行時間滑動時所顯示的，當雜訊疊合時它就會出現，其所表達出的信心水準，就是代表這種緊密貼合的高振幅信號輸出之

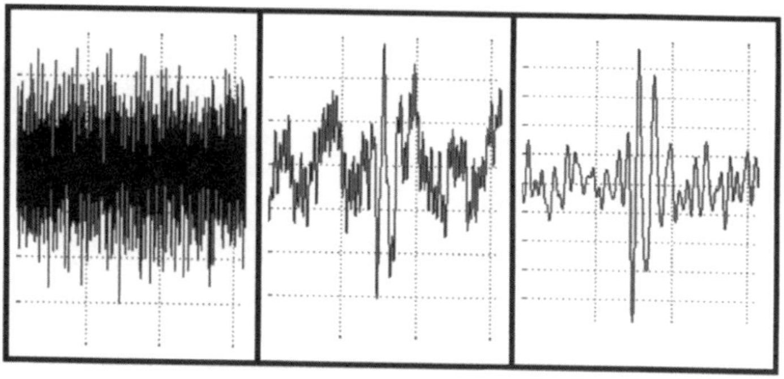

──圖4──

第二、第三、第四階段信號過濾的過程，顯示出秋分事件一開始是隱藏的狀態。（由Jessica McIver提供）

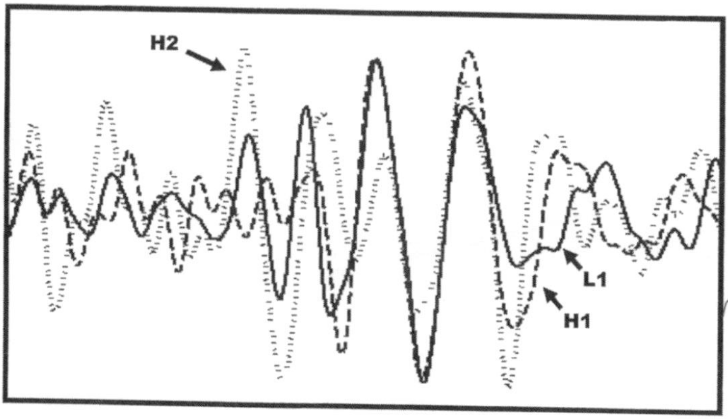

──圖5──

秋分事件：H1（虛線），L1（實線），H2（點線）。本圖的繪圖者是Jessica McIver，她為LSC-Virgo合作團隊做科學方面的工作。原設計為彩色。她非常好心地特地製作了適合本書的黑白版本。

稀有度的大小。

換句話說，一個人必須觀察來自三個偵測器在時間上時間巧合的高振幅信號重疊的程度，把它們想像成如圖5所呈現的樣子。然後問道：是否這意味著有一個共同的原因，在三個偵測器上造成相同的效應。想要知道答案，唯一的方式就是觀察在沒有共同外在原因的情況下，信號以此方式重疊的情況有多常發生。當我們在比較具有時間位移的信號時，我們知道沒有外在原因的存在。*從時間滑動所得到的答案會像是六百年中有二十次，或是大約每二十五年發生一次。在沒有其他資訊來源時，這就是所謂的發現！決定了，這個事件既然那麼不可能隨機發生，那它必然表現了某些「真實」。於是，接下來的章節中所看到的內容就比較容易理解了。我們將檢視在科學社群的文化中，怎樣的內容可被接受為正式的發表，怎樣的內容可被當成一個可接受的發現，而非誇張的宣稱；其中的每一個，都有可能改變。我們將看到一個經過仔細擬定的決策處理流程。同時，當對全世界宣告預想中的發現（或沒有發現）時，我們將參與論辯其精確的措辭方式。

此外也正在進行更多剔除雜訊的工作，使得背景雜訊得以下降。如果了解雜訊的來源，它就不再僅僅是隨機的雜訊，而變成可以在分析中被消除的干擾，減少偶然時間巧合的數量。

* 譯註：意指在不同時間的段落比對同一組數據，所以任何相似的信號，都不可能是共同的原因所造成的。

（這是個事後執行的危險遊戲，因為一個人可能無意識地被引誘去移除看起來不像「事件」的雜訊，而不去移除看起來很像是事件的那些。）

經過2007年12月19日的郵電，人們越來越相信秋分事件將跨過小組所設的門檻，進入下一個階段。以下擷取自某封郵電，可以看出整個態勢，以及在把統計上的曇花一現轉換成「發現」中，「是」、「否」這種二元選擇的困難。

> A：（把這）交付到偵測委員會意味著爆發小組認為這是重力波嗎？其他人也同意嗎？
> B：A，你也許是對的，但定義什麼是偵測信號候選者是相當主觀的，我不認為這能夠一致。這就是為什麼我認為我們應該把它呈現出來，不必然是當成我們的偵測信號候選者——我們可以將它呈現為一個十年一次的事件。我們應該以數學的方式呈現它，而非以語言描述它。並且，我們也應該要求偵測委員會如此看待它……我們應該精確地呈現這事件的顯著性為何，並要求他們在看待它時將此謹記在心……對某個人來說，一個偵測信號候選者也許是一個事件得達到每一百年一次的程度，對其他人卻可能是每十年一次，我不認為在小組內部對此所意指得到完全一致的同意是我們當前的目標。只要我們同意這突出的事件應該被交給偵測委員會，讓整個合作團隊做進一步的考量……（我們聽說）當有所懷疑時，我們就應該讓合作團

隊加以注意。

C：（但）我們不能只是把某些東西呈現給偵測委員會，然後說……我們把這交給你們看，如果你們喜歡，我們就發表，如果你們不喜歡，我們就不發表。不應該是這樣進行的。小組應該支持它，給它一個清楚的意見……小組應該為自己的意見辯護。

B：但，如果你記得（這）流程表，評議會最後會進行投票，以決定我們是否發表……我們會依據目前手上有的東西進行一次內部投票，如果這是我們在S5（與Virgo）運轉中唯一看到的事件，如果對這事件顯著性的統計敘述是正確的，那有跨過每一個人心中那個發表與否的門檻嗎？

D（此處僅為同義改寫）：我們必須有共識，但是這共識也許是對它做一個弱宣告（weak statement）*……

B：……關於這事件到底是什麼，以及是否應該發表，如果爆發小組真的對此有一共識，我會很高興。但若意見分布的光譜範圍很廣，從「這是我們根本不了解的背景雜訊」到「這也許有趣但我們不能發表」，我也不會感到意外。如果它真的這樣發展下去，我想我們應該在小組及整個合作團隊內部做好準備，以因應這些分布在整個光譜上各式各樣的意見。我認為比較公允的說法是，目前掌握的訊息並不支持它就是那個可能的鍍金事件，一個大家想要看到

* 譯註：結論較為模糊，語氣較不肯定的的宣告。

的首次偵測。

瞬變干擾

在2007年12月的會議中，一位爆發小組的成員記下對這個事件越來越有信心。但另一位成員則回應：「可是我們對我們信心的信心不是太高。」他認為事情是朝向另一個方向發展。就在10月初，我到處打電話調查人們對這個事件感興趣的程度，發現有一個爆發小組的成員說他不是很興奮，因為這個信號正好落在100赫茲，也就是所有的瞬變干擾所在之處。在漢諾威，我告訴另一個受訪者作為一個社會學家，我對這些瞬變干擾感到沮喪，因為它使得事件不可能被當成一回事。事件越受到重視我越高興，因為我就能從中挖掘到更多的社會學——更不用說，「最後成為真正一分子」(he' s finally gone native)的我對重力波終於被發現的單純興奮。然而，這個受訪者試著安慰我：

受訪者：好吧，在某些日子它讓我感到沮喪，有時我會說「的確，那就是為什麼我們有統計學」。因為你必須問你自己一個問題——這個事件在H1這麼常發生，在L1也常發生，那麼它們到底有多常同時發生到與我們現在看到的頻率大致相符？這個問題實際上是有可能克服的。但它必須與這個事件的特徵有關；它是個極不尋常的事件，即使它的組成是常見的。像是單一事件很少如此強烈——我們知道它在兩者中都很強烈。還有，它們發生的時間這麼接近，擺動的確重疊了……但我們知道數據有瞬變干擾，而我們搜尋的信號就是那個形狀。我們總是說我們能找到……

柯林斯：也就是說，瞬變干擾的形狀也是信號的合理形狀。

受訪者：是的，它們是——它們就是！絕對的。我們不是瘋了，我們只是在做危險的事……而這就是我在今年夏天學到的一件令人沮喪的事（在我試圖把事件候選者從瞬變雜訊分離出來的計畫中。瞬變干擾看起來像信號）……（每）一個在偵測器中的單一瞬變雜訊，（總的來說）只有一種（像信號般）的型態。

然而現在，就在統計上的顯著性變強的時候，「它太像瞬變干擾而不能當成任何信號」的這種說法也越來越強。1月11日，同一個受訪者寄了一封電子郵件給我，對幾天前在郵電中所提有以下的評註：

H1出現數個瞬變干擾，就在秋分事件發生的十秒內……對於是否因此錯估背景雜訊的最終問題沒有達成一致……人們將會更斟酌這一點，未來也會有更多的討論，關於在什麼程度上H1可以說是固定的，或是在事件的當下出現錯誤行為。（我現在在「錯誤行為」的陣營中。）

所有偵測器都會讓系統否決掉品質不好的數據。數據不良的地方會標示「數據品質旗標」，這樣的數據會被丟棄，或被非常小心的使用。數據品質旗標並沒有出現在貢獻秋分事件的數據區域，但現在卻有人辯稱那是程序上的問題。仔細檢視H1顯示出有大量的瞬變干擾出現在接近事件的時間。過去沒有注意到這一點，是因為否決機制在其所出現的期間設定得太過粗略，沒有把這個區域特別標示出來。更細微的檢視顯示H1對秋分事件的貢獻，看起來就像其他在相近時間發生於H1的瞬變干擾一樣。如果H1的貢獻真的是瞬變干擾，而且越看越像是如此，那麼偵測器所看到的既不是雜訊的偶然時間巧合，也不是信號效應的展示，而是L1的雜訊與H1上已知且預料中的人造物間的相關性——換句話說，是個完全無趣的東西。就讓我們把它稱之為「瞬變干擾假說」。

首次的正面觀點

即使有這些疑慮，8月，團隊中某個的資淺成員，我稱他羚羊（Antelope），還是將這結果寫在一個提到「爆發候選者」的報告當中。後來這個報告變得廣為人知，並在8月20日的郵電中造成熱烈討論。我在電子郵件與會議紀錄中找到它。以下是從郵電會議紀錄中擷取出來，當時某個受訪者對它做的簡介，概略地勾勒出科學家是如何思考一個可能的偵測信號：

當大家知道羚羊開始寫一份，關於一個他稱之為「爆發候選者070922a」的偵測報告時，有過一次熱烈的郵電討論。他採取了一個對秋分事件的人來說相當熱情的方式，那些人想知道為何爆發小組壓著這個可能的偵測信號，而不是立刻將它轉交給偵測委員會。討論重點如下面的會議紀錄：

A：在打開盒子的幾個星期之後，基於第二年的分析，必須更新每五十年一次的數字…

B：在幾個數據組中有總共一千倍的延遲。

D：你不知道這已經至少是十年一次？

B：你從很多方面知道它甚至更強。

E：就算五年一次也是有趣的。

B：僅僅從誤報率（False Alarm Rate, FAR）得不出好的統計量測，看看機率分布——這小於2個標準差……在大部分的實驗裡，根本不會瞧2個標準差的結果一眼。

D：必須進行程序的下一步，這夠強了。

A:我們也許就定2個標準差不能宣稱為一個偵測信號……

G：這系統已經失敗了。要完成它得花的時間太久了。統計完美不是最好的目標……

D：把這送到偵測委員會？

H：那就太好了。

I：我不認為這是一個該呈現給審查人的宣稱。

E：永遠不會出現一致的意見啦。

J：往前進行到下一步還有另一個用意。比如說，對試運行與運轉的影響？

H：我們知道問題是瞬變干擾會看起來像一個事件。

I：我同意這是個大問題。

D、J：我們必須知道它到底是事件，還是瞬變干擾。

H：因為有瞬變干擾的汙染，這很難。

F：我們這是在拖延嗎？

E：不，爆發小組沒有拖延⋯⋯

G：我們必須找一個更好的方式參與整個合作團隊。

阿姆斯特丹會議

2008年9月，合作團隊再度聚集在阿姆斯特丹。對於秋分事件應該如何被處置及提出，小組試著在更廣泛的合作團隊中，達成一個可接受的共識。我發現物理學家，或至少這群物理學家，喜歡發明組織性結構來解決問題。當我問合作團隊中的資深成員，一些有的沒的分析或判斷上的難題是由哪些成員思考解決，結果總會推到某個他們組成的專門處理委員會或官僚單位。一個設計得當的組織可以達到和一個設計得當的實驗相同的目的——產生正確的答案。在阿姆斯特丹的會議，有人提醒合作團隊制度化的程序，透過如圖6的組織流程圖的方式，引導一個發現的形成。

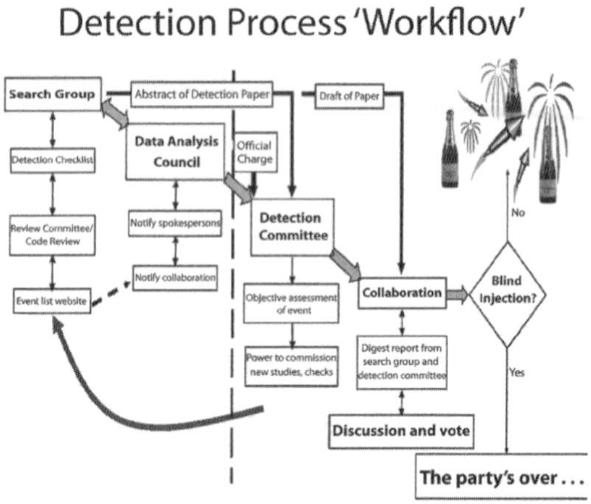

——圖6——

LSC-Virgo如何形成一個發現的組織流程圖。這一版的流程圖首次出現於漢諾威會議。

如果讀者對這個科學發現的社會本質還有多餘的懷疑，這個投影片應該可以打消這個疑慮。它就是個社會組織。更進一步說，重力波首次發現的「近因」（proximate cause）並非一個物理事件，而是投票。就如在「飛機事件」的脈絡中所解釋的，投票就是某些社會學的事物正發生作用一個明確的信號。

摘要

在阿姆斯特丹有兩個關於秋分事件的演講。第一個敘述了小組在草擬的原型發表論文中，認為他們應該會說些什麼。這份敘述是以「摘要」的方式向大會呈現。小組成員們花費數天的時間爭辯這份摘要應該要包含哪些內容。我收集了幾份修改成最終版本前的草稿。一個早期的版本包含了以下內容：

> 強度相同或更強的背景事件，其出現率估計為每二十六年一次……在可公開取得的數據中，沒有發現電－磁的相對應信號。觀察的天區不包含銀河中心與處女座星系團……由於此信號中等的顯著性，型態上與預期的背景雜訊類似，於是我們宣告沒有偵測到信號。

一個隨後的版本寫道：

> 得到一個超過預定閥值的單一事件。屬於中等強度，有XYZ個標準差，在頻率與型態上與背景事件類似。基於此，此事件不被考慮為一個真正的重力波爆發信號候選者。

下一個，也是最終的版本，除了之後的一些修改，大部分是在圖7中的午餐時間發展出來的：

> 基於量測到的背景事件發生率，分析得到三個高於搜尋閾值的事件。其中一個通過了所有我們事先建立的否決機制條件。仔細檢視這些事件，我們不考慮將任何一個視為真正的重力波信號候選者。

——圖7——

爆發小組的成員草擬要呈到阿姆斯特丹的LSC-Virgo合作團隊會議的摘要。

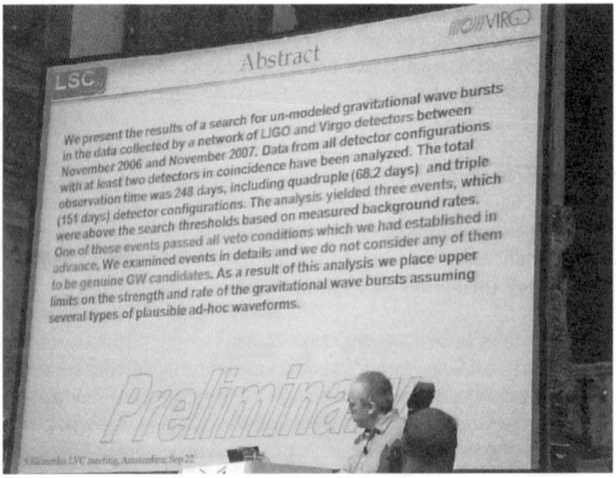

——圖8——

在阿姆斯特丹，秋分事件被宣告其並非為重力波。

這樣的情緒透過投影片表達出來，而圖8即呈現了演講中那個時刻。演講中，最後一張投影片（圖9）總結了前面說過的重點。

然而，秋分事件並不是就這樣無聲無息地帶過。一位資深的團隊成員清楚地發現這個否定的結論，憤怒詢問他們如何確定它不是重力波信號的候選者。

三項中，最後一項的第二點表達出了瞬變干擾假說：也就是說，這起事件看起來像瞬變干擾，且發生在充滿瞬變干擾的光譜區域，所以其中至少有一部分可能是瞬變干擾。第二個資深成員提出了反對瞬變干擾假說的觀點：

> 我不懂為何第二點是個重要考量：那只告訴我，任何可能發生過的天文物理事件都無法被我們100赫茲頻寬的儀器所解析……
>
> 我們的儀器的頻寬有限。如果你不能解析這起事件，所有的東西看起來都會像是偵測器的頻率響應。

這最後成為反對瞬變干擾的主要論點。這些偵測器有所謂的「響應函數」（response function）。雖說它們屬於寬頻的儀器，能夠在重力波通過時隨著其複雜地起伏，在輸出端把它畫出來。但事情從來不是這麼簡單，輸出是波形，也是阻抗與複雜裝置本身諸元特性（affordance）的函數。[1]第二個資深成員要說的就是這個，

1　「affordance」是一個哲學名詞。例如，門把是設計來「承受」（afford）轉動的。

裝置無法總是「解析」——也就是無法精確地隨著事件的波形起伏，因為它在不同的波段或光譜區域的響應，並非同樣地精細。因此，他說儀器所接受到的也許看起來非常像瞬變干擾，但事實上，看起來像瞬變干擾並不表示它是雜訊，非重力波。即便它看起來像是雜訊而非重力波。

統計學與人工技巧之間有種揮之不去的張力。一方面，偵測器靈敏度計算的前提總是歸結於其完全基於統計。另一方面，瞬變干擾假說的擁護者認為他們有權力說，統計的意義是可以調整的，依據人工檢查實驗裝置，記錄數據當下的行為。一如我的某位受訪者在電子郵件中寫出如下內容：

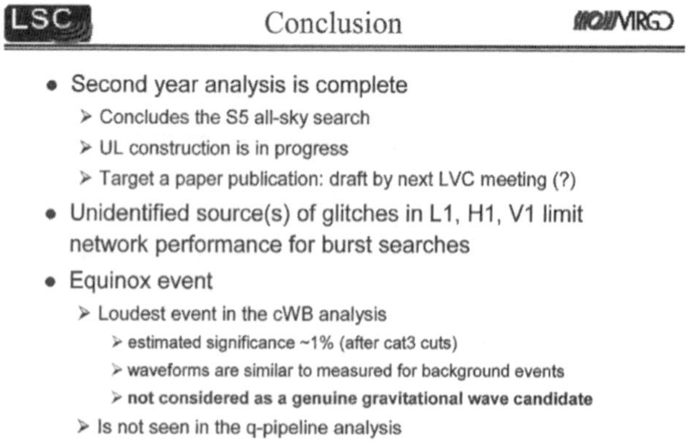

LSC
Conclusion
VIRGO
Second year analysis is complete
Concludes the S5 all-sky search
UL construction is in progress
Target a paper publication: draft by next LVC meeting (?)
Unidentified source(s) of glitches in L1, H1, V1 limit network performance for burst searches
Equinox event
Loudest event in the cWB analysis
estimated significance ~1% (after cat3 cuts)
waveforms are similar to measured for background events
not considered as a genuine gravitational wave candidate
Is not seen in the q-pipeline analysis

Figure 9. Equinox Event riddled with bullets

——圖9——

秋分事件的重點拆解。

> 這就是你所說的「重複計算」（如下），以及（被譴責為）「找理由不相信」，但我認為使用「實驗學家的人工判斷」是非常負責任的，特別需要被運用在首次偵測，這麼一個令人矚目的案例時。

危險的是，檢查的結果不能合法地用來強化統計——那是數據按摩——但它可以是合法地用來稀釋統計數字，因為這是個保守舉動。於是，保守的心態就有了自我淬煉的機會。

羚羊又來了

我必須承認我不了解會議議程背後的組織原則，但就在經歷這種種之後，羚羊的論文說出了不同的故事；在這件事上，它是相當不錯的。他總結要點的投影片如圖10。

就如我們所看到的，在「有趣的事」（The interesting）下的第一項報告是由一位我們稱之為「野牛」（Bison）的科學家與他的小組所做的獨立分析。這項分析來得太晚，因而無法進行細節的評估。野牛小組的方法得出，要單獨由雜訊中得到秋分事件，僅僅有三百年一次的可能性。若嚴肅看待野牛小組的方法，那麼先前的秋分事件已死的說法就是言之過早。然而，大部分爆發小組的人覺得，就「測試係數」（trial factor）（見第五章）的結論，野牛小組的結果並不可靠——他們在達成結論之前，已經嘗試過太多種方法。

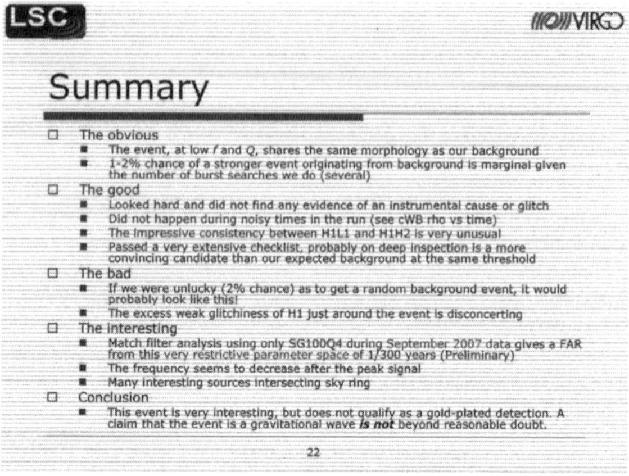

——圖10——

秋分事件已死的謠言也許過度誇大。

最後一點也與先前提出的論調不同，不再是來自於小組所達成的共識。並非：

（秋分事件）並不被認為是一個真正的重力波候選者。

而是：

宣稱這事件是重力波，並不超出合理的懷疑。

請注意爆發小組花費那麼多的精力在草擬所要呈現摘要的精確措辭，以及羚羊版措辭的些微改變造成了多大的不同。這個主題還會再次出現。一方面，我們把物理科學當成被認為可精確計算的典型國度；另一方面，我們花費大量的時間在爭論一段描述科學活動文字段落的精確措辭。

政治旨趣

現在，由LSC與Virgo組成的重力波合作團隊，幾乎集合了世界上所有具備重力波偵測物理專業知識的人，而如果要維持科學的健康，只有透過鼓勵如羅伯．莫頓所說的「有組織的懷疑論」，且這個懷疑論者最好是來自組織內部。巴里．巴利許將LIGO帶到設計目標的靈敏度，他常評論道，只有在團隊內部才能找到有技巧的批判工作，因此面對批評責難，組織內部必須自己找到解決的方法。發現的組織流程圖（圖6，頁140）讓這個原則制度化。但合作團隊也可以被視為一系列相互健康競爭的分析小組。每一組都試圖駁回對方的發現。

爆發小組與內漩小組的成員之間似乎有些競爭。內漩小組的成員似乎比爆發小組本身的成員更傾向於對爆發小組的偵測候選者不屑一顧。一個對內漩小組的方法有不少貢獻的資深理論家，不斷地在我所參加的大部分會議中重複一個說法——他宣稱，單就爆發小組本身無法做到有效的偵測。其背後的論述是，由爆發小組得到的信號形貌無法配對到任何已知的模板——如果有，那就是別的小組的事——一個無型態的信號除非與一個在電磁波段上可看見的其他事件有關，否則就無法將其從雜訊中分離出來。

他說的是秋分事件，也暗指其他由爆發小組提出的類似事件：

> 我們不知道它在哪裡；我們不知道它是什麼；我們甚至不能真的確定我們有看到東西。發表很難。這就是這些搜尋與其他的不同之處。對嗎？

另一位內漩小組的領導成員則提到了羚羊那篇論文的結論：

> 我絕對不會把這樣的敘述放進論文，因為我們就是沒有足夠的資訊這麼說，所以我們不能這麼宣稱。事實上，我們可能永遠都不會知道事情的真相（除非它是盲植）。在這樣的信噪比下，我們不可能獲得事件，所以宣稱一個事件為重力波「並不超出合理的懷疑」——我想這宣稱本身是（無意義的）。……我們也許無法回答這個事件是否為重力波。

再一次，若是嚴肅看待這則評註，爆發小組將非常難以宣稱他們已經發現任何東西，除非它非常顯著且與其他事件有非常好的相關，而小組仔細調校的統計程序就幾乎變得無關緊要了。

針對秋分事件價值的另一個爭議也浮現在LSC與Virgo之間。一般來說，LSC想要用盲植，特別是秋分事件，來演練整個偵測程序。大家似乎有這樣的共識，如果出現任何範圍小於每十年發生一次的事件，直到偵測委員會將其交付給合作團隊進行投票前的最後階段，都應該要進入偵測流程作業。另外非常清楚的是，任何和我交談過的人，包括我自己，無論如何都不相信秋分事件有任何機會可以得到偵測委員會的官方認可為「值得發表為一個發現的宣稱」。以下爭辯的片段，顯示出阿姆斯特丹會議中的討論有多尖銳激烈：

A：……我們實際上應該要能夠說明信號候選者有幾個標準差？天啊！如果我們不能對此加以說明，那我們就真的有麻煩了。（唉……這個我們可以說……它是2.5個標準差……哈哈）你告訴我它是2.5個標準差，（……）說他不相信，這裡的其他人說我們應該用測試係數（參閱第五章），好！我想要讓我們對它是什麼達成共識，讓合作團隊支持它是……（聽不見）個標準差，但是現在我聽不見那共識。

與會者提出了一個問題：什麼才能作為偵測信號的宣稱。

A：對此我沒有答案，而這又回到了我昨天的問題。我們在內漩小組所做的，以及我們問了一個問題——「令人感興趣的是什麼？」某種程度是它的每一百年一次。但那是最低階的興趣。我們不確定它是一千年一次還是一萬年一次，那是我們開始真正覺得安心的地方。我們不知道那答案是什麼。所以，老實說，就作為一個「我們有偵測信號」

的評價標準而言，我的印象中，內漩小組對假信號的可能性有兩個數量級的不確定性。

B：（人）們在高能物理做這分析時常會發現3個標準差，但重做時就消失了。所以3個標準差完全不具重要性，4個才開始變得有趣，而5個就是「事態嚴重」了。

C：你無法定義標準差，理由在於長尾巴（long tail）。（統計分析是基於平滑型態的模型，但這裡因為瞬變干擾，型態並不平滑，其呈現出來的就是一條異常長的尾巴。）……如果長尾巴一直揮之不去，那你就必須討論是否……你會想要說「這長尾巴殺了我們」，以及「我們就是不知道該如何去掉這個長尾巴」，然後還是必須要把工作做完。另一方面，如果你想要冒個險，說「嘿，它是個長尾巴，它非常不可能，你知道的，每一百年出現一次的機率只有1%或2%，這絕對很有意思，因為你有個長尾巴」。——如果你沒有長尾巴，你就不會這麼說——而，沒錯，它就是個不同的問題。

D：我無法想像，我們僅以一些數字為基礎就做出第一次偵測——你知道的，每一百年一次或之類的——也許超過——「就是它，我們偵測到了」。如果它是每九十九年一次，就可忽略。所以……我們應該要有一個合理的數字，像是每一百年一次，當數值接近時，我們就開始追蹤。當我們也用望遠鏡或微中子偵測器看到那事件，或之類的，我們將宣告第一次偵測到信號。

由這些討論可以窺知，秋分事件就是沒有那種「重力」成為鍍金事件，足以說服全世界其達成了首次的偵測。羚羊的說法只是一些細微的差異——對比於不認同它是一個有潛力的真實事件，它實在弱得可惜。無論如何，這起事件似乎確實符合LSC的評價標準，在送到偵測委員會之前，進行了進一步討論。雖然如此，Virgo團隊的成員則堅持認為，它不應該走得那麼遠。在另一方面，LSC的成員則是想盡可能地演練檢測程序，而不樂意這程序遭到縮減。

Virgo團隊為何採取這種負面的態度？我將再一次引用「反犯罪調查原則」（見第三章開頭）：我不知道！我所知道的是有兩個相互競爭的說法在流傳。一個是Virgo團隊不希望如此嚴肅地對待秋分事件，因為Virgo團隊在很大程度上只是個旁觀者（除了他們分擔部分的數據分析）。Virgo團隊並沒有被包括在盲植挑戰中，因為協議尚未準備就緒。（請記住，秋分事件落在的波段，Virgo干涉儀遠比LIGO干涉儀不靈敏，因此無法被Virgo干涉儀看到；這也鼓勵了分析者猜測其為盲植，而花費較少的力氣去分析它。）這種說法也就是認為，Virgo團隊不願看到一個與重力波相關的重要活動進行，除非他們參與其中。

資深Virgo團隊的發言人（們）給我的另一說法是，比起LIGO團隊，Virgo團隊對失控狀況更為敏感，因為他們與羅馬集團曾在自家後院看過這種事發生。他們知道偵測委員會將會給予發表的許可，而他們想要一開始就斬斷一切的可能性。在承認Virgo團隊的確「否決」了將秋分事件提升到偵測委員會的層次，他說：

S：我想這多半與幾位曾經執行過重力棒實驗的Virgo重要成員過去的歷史有關，他們有過可能成功的宣稱，但最後卻落得一場空的經驗。所以這讓我們極度小心，因為以目前委員會的組成方式，在發表前最終的判斷並不一致（之後我聽說，這就是委員會的目的，而委員會也就是如此）。所以人們覺得秋分事件還不夠走到這一步的程度——這就是原因。我認為這是對委員會的角色為何，有著不同的視角，而另一個就是人們過去的歷史。

柯林斯：所以你認為美國版的委員會比較傾向演練，並丟東西出來？

S：是的——我與（……）談了很多，他說他認為偵測委員會想要進行進一步的檢視，甚至，在某種程度上，透過詢問其他的問題，掃除一些來自分析小組的恐懼。還有一件讓（……）擔心的事，分析小組對偵測器本身並沒有太多的掌握。他們分析數據，但他們運作偵測器的經驗較少，不足以理解到它是個精巧脆弱的儀器。我想這是偵測委員會作為（……）成立的其中一個理由。但是接著它被呈現在流程表中，成為一個終極的判斷，如此一來……我們害怕集體的瘋狂。

C：有一些美國人認為有另一個問題——也就是Virgo團隊不想要有任何東西被偵測到，除非Virgo夠靈敏，而在其中能夠有積極的分量。

S：我想這不正確……絕對不對。

C：誠實地說，你的小組有沒有任何一個人對你施壓？——別讓任何東西通過，除非我們讓Virgo干涉儀運作？

S：沒有——絕對沒有。

C：所以如果秋分事件最後變的比較大了，你會樂意看到它再進一步嗎？

S：是的。

S 隨後正確地指出有一種可能性，即依訊源特性的不同，一個偵測器小隊會看到一個事件，而另一個不會。由於LIGO與Virgo偵測器在三度空間中不同的轉向，信號也許被一個看到了，而另一個看不到。

在另一方面，如果一個人想要針對Virgo抗拒突出的秋分事件做更政治性的詮釋，可以說以他們的能力所及，在隨後要討論發表論文的摘要草稿中，他們抗拒任何正面的提及。也就是，它最多將被認為是一個候選者，沒有足夠的統計顯著性使其成為一個發現，所以可以確保沒有「集體瘋狂」。當然，就像LSC一樣，Virgo是個大團隊，並非每一個人都有相同的動機。[2]

2　另一方面，S在後來的私人通信（2009年10月）中表示，他認為內部人員的問題，比不上外部採用的結果，無視統計數據多麼糟糕，並試圖利用它在天空中不論他們的動機為何，Virgo團隊阻止秋分事件向前進入到偵測委員會。很多 LSC成員相信，這結果造成了失去一個珍貴排練的機會，如果夠嚴格，它將會為分析團隊在提出一個不可靠的宣稱時帶來更多的信心。

以一開始所提出的隱喻來說，所有這些爭辯最終的結果是，秋分事件從未成為歷史洪流中一個持續的漩渦——其中，不論是新物理或新社會生活，都沒有以持久的方式將自身重組。秋分事件曾將洪流凝結了片刻，但現在它再度失落在社會與物理世界的水中亂流。

發現一些相關事件。這可能會引起媒體的大量猜測和「雜訊」，而這與真正的重力波無關。

今日，前沿天文學中，所有人「看」的都是數字。這些數字代表著那些過去在古典物理學裡被看見的事物（儘管這些可能會在之後被計量，並以數字形式呈現出來）。看著數字而非事物，最大的好處在於得以彰顯出那些以任何直接的方式確認都還顯得太微弱的存在。因此，如果你想看到一些微弱的天體，你必須使其放射的光、無線電波、X射線、中微子，或任何東西，對你產生作用。如果你以自己的眼睛作為接收器則需要大量的放射。但如果你用的是一整個陣列的精巧電子設備，你就可以用很長的時間來計算出單一光子的作用，計算出是否有更多的光子是從天空中的那個角度而來，而非背景。那麼它就可以告訴你有東西存在在那裡並發射著光子，但其電平遠低於在你的視網膜產生作用所需要的。所以我們發展越來越聰明的方法來收集更少的光子，以確認出一個轉瞬即逝的「點」，這意味著觀測的前沿工作一直向外開展，將更晦暗的天體，涵蓋到我們的觀測視界之中。

這種進步的代價是直接轉向數字的統計學顯著性評估，無須事前雙眼視覺的介入。[1]當然，沒有「直接」觀測這回事，但有時候間接的程度似乎拉扯了「觀測」這個概念，而產生斷點。

如果今天「看」這件事不是利用數字，就沒有重力波探測科學，因為重力波實在太微弱，無法以任何其他的方式「看」到。科學是關於，為了從每個巨型干涉儀所產生的微弱電流中提取所

1 有時候，報紙上會出現看起來像照片的偽色彩（false-color）電腦影像，是讓人誤導的呈現方式。

包含的意義，而進行的複雜精細計算。這些電流努力補償著比原子核小幾千倍的鏡片移動（整個裝置因此得以保持平衡狀態），而那引發了干涉儀內循環光子微小的平均相位變化。

再讓我們回到從太空中某個點發射出的光子，問題在於，是否有「比原先應該有的更多的光子」從「那個」點而來，而非背景，或其他可能引起光散射的大氣塵埃之類的東西。不可避免地，這計算涉及統計：「的確有更多一些的光子從該點而來，但會不會只是一個隨機的散射所創造的亮點，還是意味著真的有某個物體產生了一些真正的額外放射？」在重力波的狀況裡則是：「這些用數字呈現的鏡片運動，是否真的代表了一些特別的東西，或只是任何一種情況下都會偶爾發生的隨機運動？」

正如所見，答案以「不可能性」（unlikelihood）的形式出現。構成一個「觀測」的陳述為：「這種集中的光子／鏡片移動時間巧合，不太可能是偶然發生，它必須代表某種真實東西的出現。」

在發表的論文和讓其作者贏得諾貝爾獎的宣稱中，這個不可能性是由另一個數字表示。數字是一種我們認為「客觀」的東西。也就是說，數字的出現代表著一個定義良好的世界中，事物狀態的結果。我們可以爭論這些蘋果是一大堆或一小堆，但如果說是有56個蘋果，那麼「就是這樣了」（That's it.）。這就是為什麼決策者喜歡用數字——數字的「就是這樣了」的性質似乎減輕了決策者判斷的責任。

頻率論和貝葉斯統計

在物理學中，是要使用貝葉斯統計還是頻率論，長期以來有著爭論。事實上，這種爭論是如此長期地存在，並存在著如此熱情，使雙方有時會開玩笑地把他們喜好的偏好當成是統計的「信仰」。有幾個原因值得讓我們看一下這個信仰。首先，檢視信仰之間的爭論是一個方法，得以顯示出統計數據的解釋總是主觀的，無論它看起來是如何的客觀。其二，如我將在本章所論證的，貝葉斯方法可以用來正當化涉及弱宣稱（weak claim）的發表策略。本章由第一個原因開始，以第二個原因作為結束，中間則探討其他統計主觀性的元素。

這兩個統計信仰之間關鍵的區別似乎是在於，貝葉斯統計相信，所有基於統計學聲稱核心的不可能性敘述，必須考慮到你已經相信的世界，也就是聲稱的「先驗概率」（prior probability），是真實的。頻率論則認為先驗概率過於主觀，不能出現在統計計算中；那樣只是產生了一個數字，而這個數字只反應了你所計算的可能性為何，並非計算可信與否。

很明顯地，在貝葉斯統計和頻率論對不可能性的評估中，先驗可信度扮演了一定的角色。如果頻率論正在尋找一個恆星，而計算暗示望遠鏡發現了天空中有頭噴火的巨龍，他們也不大可能進行舉報。在一封電子郵件中，我的受訪者是一位堅定的貝葉斯主義者，關於尋找重力波，他是這樣看的：

> 我覺得首次偵測的評斷標準多半是社會學的。要說服人，需要的是證據與團隊信譽的水準，我們看到的東西完全超出他們的經驗（重力源），並非全是他們所經驗過的東西（偵測器雜訊、飛機等等）。這個水準主要取決於我們希望說服的人所持的態度，以及他們對於將數據解釋為重力波的先驗傾向（prior predisposition）。一旦我們做到了這一點，重力波就會很神奇地進入他們的經驗之中。一切都變得更容易，我們就可以自由自在地，像個正常的天體物理學家。（即，瘋狂臆測並亂搞，而不會受到責備！）

先驗預期以更為不起眼的方式，扮演著它的角色。例如，在相隔遙遠的兩個偵測器上偵測到的信號有時間巧合，而背景中僅有極為少數的時間巧合，這樣的聲稱有賴於重力波的先驗模型，也就是重力波是來自於一個侷限的天區，並且是以光速傳遞。我們知道在這樣的速度下，相隔兩千英里的兩個偵測器之間的「時間巧合」，發出兩個信號的時間間隔不能超過1／100秒。這意味著，如果試圖找出可能只由雜訊所引起時間巧合的背景信號，可以忽略所有時間間隔超過1／100秒的事件——那些並非「時間巧合」。如果重力波是以音速傳遞，就必須要考慮包含兩個事件的間隔是三個小時（或更短）的「時間巧合」。而人們只好將兩個產生作用相隔三個小時以上的事件，當成背景並予以排除。就我們所知，在這種情況下是不可能進行重力波探測的。然而，卻也從來沒有實驗或觀測「證明」，重力波是以光速傳播——而它卻正是目前章節中所描述的科學重點的一部分。更具體地說，相同的迴圈也適用於所有試圖憑藉著模板的偵測，像在連續波與隨機背景的情況中，甚至是有賴於發射源的粗糙模型。頻率論中的等效先驗模型，也就是韋伯和羅馬集團的陽性宣稱*受到批評的核心。

貝葉斯主義者只不過是說，在完成計算之前，所有的這些先驗預期應該是計算的一個明確部分，而且應該透過一個數字來表示。頻率論傾向「在事件發生後」否認不太可能出現的結果。在大多數的情況下，頻率論者和貝葉斯主義者會在計算結束時得到相同的結論，但並不總是如此。但這個「不總是」可能會是重要的。在這個故事中的確十分重要。

信仰的戰爭仍在繼續，因為貝葉斯主義者相信，頻率論丟棄或歪曲有價值的信息並（或）掩飾其運用，或者將其作為事後的決策機制。另一方面，頻率論者指出了一個事實，要正確地將一個數字賦予某些事的「先驗機率」，是非常困難的；將先驗資訊給予數字的形式，是試圖將「主觀」的猜測偽裝成「客觀」的資訊。貝葉斯主義者說，這也許是個猜測，但至少每個人都可以看到猜的是什麼，如果有人想要，他可以批評，也可以提出自己的猜測。貝葉斯主義者說，每個人都同意奇蹟（意想不到的效應）需要額外的證據，如果要證明的話，他們的做法是讓這項要求成為明確程序的一部分，而頻率論者只是頷首微笑同意，有些東西

* 譯註：即宣稱偵測到重力波。

真是令人難以置信，然後默默接受。

頻率論統計的主觀性

第三章中討論到約瑟夫．韋伯「調整信號」的做法已經顯示出為何頻率論者的統計可能是主觀的。每扭動一次旋鈕，都可視為一次對數據的獨立檢視，或是「裁切」。如果像發表論文中所報告的，不可能性的偶然機率是萬分之一，那麼經過兩次裁切，它的機率就是 1／5000，四次就是 1／2500，十次裁切則是 1／1000；如果有一百次的裁切，就是一百次會有一次的偶然機率。一個數據如果經過多次裁切，而論文卻沒有提到它們，那麼那些看起來令人驚訝而且有著統計顯著性的結果，可能只是「統計按摩」的結果，毫無物理上的興趣。如果這一切都是故意的，那就是一種欺騙行為。如果它是不小心的結果，那就是劣質的統計手段運用。我們隨即可以看出，要了解統計結果，包括頻率論的結果，就必須知道論文寫出來之前，遠在工作檯還有電腦鍵盤上所發生的事。換句話說，一個人如果想得到真正的客觀性，那他就必須是個完美的歷史學家。如果認為應該以此去認定科學家做了什麼，而非科學家本身所言，那他就必須擁有完美的法官性格。同時，即使在誠信上的評價完美無瑕，人們仍然得仰賴自己的理解和對其所做所為的記憶。這就是本章標題「隱藏歷史」的部分含意。

但是，這段歷史並不是就這樣結束。藉由超心理學（parapsychology）實驗的例子可以說明，發生在實驗室外的事也同樣重要。有個令人尷尬的事實，眾多的實驗似乎顯示，比如一個人試圖使用精神力量猜測遠處的某人正努力「傳遞」那人所注視卡片的影像，這樣猜中的機率會比單純隨機猜測的高一些。這些實驗的統計顯著性，通常比那些被認為足以發表在心理學期刊上的結果更好。同時，即使是在死硬派批評者的最嚴苛檢視下，許多實驗的設計似乎也算是堅實。[2]一些更老實但死硬的批評者所提出的解答是，如果就每一個陽性實驗的報告而言，其結果為偶然隨機所致的不可能性是1／1000，也就是有999個執行過的實驗獲得零結果（或是陰性結果），但事實是它們根本就沒有被報告出來——它們委身於「檔案櫃」中。在這樣的情況下，一個陽性結果根本就不值得關注。只有陽性結果被報告出來，因為只有陽性結果是有趣的，但「檔案櫃問題」讓它們變得毫無效力。[3]真正的問題是檔案櫃，而非意味著有什麼欺騙。更重要的是，一個人要知道一個陽性結果的客觀意義，那他必須是一個完美的歷史學家，這次將不僅是一個科學家個人過往的實驗生活，而是所有其他從事類似工作的科學家過往的實驗生活。只有當這一切都考慮到了，才有機會得到一個正確數字，用以判斷只是隨機引發此一

2 我們應該忽略那些找到更精巧的方式來解釋如何違反規則的批評者與懷疑者；沒有科學會支持這種方法。

3 順道一提，超心理學家認為，這麼多的陽性實驗已經取得了相當高的統計顯著性，即使打從文明開始以來，每個人都進行了心靈感應實驗，結果為陰性，並將它們留在檔案櫃裡，仍然不會抵銷正面的結論。

結果的不可能性。

檔案櫃問題也影響到了物理學。基於這樣的考量，據說高能物理是在1970年代進行了轉換，將統計顯著性從3 sigma轉換到更高的水準。富蘭克林對此寫道：

> 因此，（在60年代和70年代）觀察到這樣（一個3 sigma）的效應在任何實驗中都是新粒子存在的證據。但實際上，數據隱然參照的樣本空間含有的實驗數量大多了……因此，（亞瑟）羅森菲爾德非常正確地認為不應該只考慮單一實驗及其圖表，而是該年完成的所有實驗。這使觀察到3（sigma）的效應的機率高了許多。將評斷標準改為4（sigma）則相當程度地降低了機率。（Franklin 1990, 113）

根據我跟富蘭克林私下的了解，4 sigma的評斷標準到了70年代末已成常態。

但富蘭克林（我們必須假設羅森菲爾德也是）仍然沒有觸及問題的核心。為什麼選擇一年作為樣本空間的邊界？一年完全是任意選的。樣本空間是所有曾經做過的那種類型的實驗。而這當然也開啟了什麼是「那種類型的」實驗的問題？另外，為什麼剛開始是把3 sigma當成是滿足的要件，之後變成了4 sigma？[4]

4　某些統計結果的早期討論對不同的人來說可能意味著不同的事情，可參看平區（Pinch 1980）。當代科學中大多數技術性的要素仍存在著統計爭議和模糊之我們將回頭進一步討論，高能物理目前是以5 sigma作為足以發表的水準。杰・馬克思，他是LIGO計畫目前的主任，本身也是一位前高能物理學家。我問他為什麼會這樣。

柯林斯：在你之前參與的領域中，是如何建立起5 sigma這個標準的？

馬克思：幾年前，那些困難的實驗是在研究弱交互作用。其中一些統計顯著性是3 sigma（甚至更高）的實驗發表後來被證明是錯誤的，而具有5 sigma效應的實驗大多被證明是正確的。這結果是共同智慧——或神話——不應該對

處。以下是LIGO合作團隊中一位較為成熟的統計學家發布的電子郵件（這個問題持續爭議了一段時間）：

我跟X談過，他是BaBar（進行CP破壞實驗的國際研究團隊，該實驗位於美國的史丹福線性加速器SLAC）的統計專家，根深蒂固的頻率論者，但我認為最終我們都會同意不論你是一位頻率論者，還是一位貝葉斯主義者都不重要。（就我而言，如果我們寫下並將概率分布整合到M31的距離，我們就是貝葉斯主義者。）但重點是：當針對某些事物設定90%信心水準（Confidence Level, CL）「上限」時（如效率，經由我們得以定義的機率分布），這單邊的區間（e90%，100%）（或0，D90%，在高斯分布中得到1.28的數字）是高能物理學所認定的你的意思。當我描述採取雙邊區間並選擇更差的數字（在高斯分布中得到1.6的數字）的方法時，他的回答是（這是我的詮釋）：那是保守、錯誤，而且瘋狂的。他從來沒有聽過有人這樣設定X%信心水準上限，並且不明白為什麼會有人這樣做（對此我無法發表任何評論，因為我不理解它，即使在閱讀了Patrick的筆記說明那方法「是最自然的。」）

當然，我不是說因為HEP中的人用這種方式做事，我們也應該這樣做；但早在我出生之前（在有人知道頻率論和貝葉斯主義之間的區別之前），HEP就已經設定了90%信心水準上限。

結果充滿信心，除非它具有 5 sigma 的效應。我當學生時就是這樣被教導的。這是因為困難的實驗可能受到未知的系統性誤差的影響。當你引用一個信心水準時，它假定你知道所有的系統性誤差，但這可能並不正確。有 5 sigma 信心水準似乎給了足夠的信心，因為它提供了足夠的空間涵蓋未知。

柯林斯：所以，5 這個實際數字只不過是從該領域涵養出的傳統，是一個來自經驗的結果？

馬克思：是。我們會說除非統計顯著性極高，否則我們不會相信，因為可能有比已反應在發表的誤差中更多的不確定性。

在社會科學中，犯錯的問題可能更加嚴重，我們通常只以 2 sigma 作為可發表的標準。2 sigma 意味著，其他條件相同下，一百次中有五次，其結果可能是錯誤的。不同的學科有不同的統計顯著性水準，除了在實踐中精煉養成，就我所知沒有任何合理的理由。因此我們似乎有充分的理由假定大量社會科學的結果是錯誤的，尤其是社會科學家們似乎普遍沒有意識到這個問題，也沒有特別小心地使用多次的裁切（或微調），直到統計學的顯著性實現，他們也沒有思考或澄清如何從未發表的分析數據母體中選擇出發表結果的過程。[5]

5　我在一個偶然的機會下與一位生物科學家進行討論，她告訴我在她的領域，2 sigma 也是常態，他們預計大約 50% 發表的結果是錯誤的。

測試係數

即使每個人都自覺地意識到方才討論過程的危險性，但這並不意味著問題已經消失。當他們自覺地為其擔憂，物理學家們將問題歸諸於「測試係數」，而這是LIGO數據分析所真正關切的。

工作的組織架構關係著測試係數。在第二章中描述的四個工作小組負責尋找不同種類的信號。回頭看看由爆發小組所發現的秋分事件。這些小組中的某位成員，這裡先姑隱其名，幽默地以《星際迷航記》(*Star Trek*)中的類人物種來描述競爭小組中的不同角色。時間是2007年7月，秋分事件出現之前。他說內漩小組像博格(Borg)。根據維基百科，「博格是沒有個人獨特性的物種，每個成員都是試圖實現那個完美『集體』的一部分，他們吸納各物種與它們的技術，如果合其所用的話。」也就是說，他們是非常有效率且勤奮工作，受到強勢與威權地領導，不斷擴大自己的活動。我以為，這種組織風格是適合必須透過大規模一系列的波形模板，組織搜索工作的小組。

但正好相反，爆發小組則是混亂的——我把他們比做佛瑞吉(Ferengi)，維基百科描述如下：「他們及其文化的特點是對獲利與貿易的商業迷戀，不斷地試圖誘騙人們進入糟糕的交易中。」問題的重點在於，他們是比較沒有組織的，沒有強有力的領導；該小組的每個成員堅持以自己的方式做事：它是一個在競爭中所有不同方法都同時並行的「混雜市集」。私營小販無效率但有創造力的自由是其典型的做法，也許要尋找根本上屬性全然未知的爆發信號就是需要這樣。

於是，爆發小組分裂成不同的派別，相互競爭，各自以自己的方式進行分析。順道一提，「分析程序」（pipeline）一詞是指以具有統計可信度的敘述為結論的數據分析方法。爆發小組中有數個小組，每組使用不同的分析程序，而那些分析程序是他們在相互競爭的過程中發展出來的。就數據分析的創造力和交叉檢驗的角度來說，這樣非常好，但會產生測試係數的問題。當衍生出更多的分析小組時，看起來似乎應該把結果的統計顯著性，除以使用不同方式搜尋同一事物的不同分析程序的數目。

社群中有個成員是這麼看這件事的，不僅是指爆發小組，也包括了整個數據分析合作團隊中所發生的事：

> 我只想說，如果你把整個的合作團隊視為一個整體，我們有四個不同的搜尋小組，其中每一個執行數個不同的分析方法，所以有差不多十個不同的分析方法，不，十個以上的分析方法正在整個合作團隊中執行，所以如果你想說什麼，希望有一個低於1%的錯誤率，這就是意味著，如果你想要非常確定，你大概每一萬年只能有一個誤報率。它是十倍的係數，因為在整個合作團隊中至少有十個不同的分析同時在運作。

但這是個爛泥坑。如果爆發小組陽性結果的統計顯著性，會受到陰性隨機結果的影響——一個尋找與重力波完全不同現象的小組的結果——為何不繼續擴大找下去？為什麼爆發小組的陽性結果不用受到一個完全不同的物理學分支的影響？或，如果某處的某人偷了LIGO的爆發數據，並在上面做了其他類型的分析，且所有的結果都是陰性的，合作團隊卻都不知道，那會如何？這是否意味著原來的結果受到汙染？當羅森菲爾德提出將高能物理的標準從3提升到4 sigma的論述時，這類問題已隱含其中——適切的樣本空間界限是模糊的。

我可以在同樣的數據上透過一些快速的陰性分析，破壞陽性的結果嗎？一位科學家非常俐落地看待這個問題：

> 這就是另一個問題，有一串（不同）數字與此相關……某人……寫了一個分析程序……從未被檢視或研究，它說三百年一遇。我明天我就可以寫一個分析程序，我敢打賭，它不能看到秋分事件，從而降低它的統計顯著性。而我所要做的就是寫一個非常糟糕的分析程序。事實上，我可以用不同的方式寫出八個糟糕的分析程序，因此它們彼此間並無相關，而當我執行了八個分析程序，就會錯過事件，這將立即降低統計的顯著性。所以，如果我想，我可以利用測試係數除掉那個事件。

正如這位受訪者指出的，只有在使用的方法是「不相關」或「獨立」時，測試係數才會出現問題。那麼，是否必須積極地阻止他人以獨立地方式分析數據，以免他們減弱了統計顯著性？同時，做出上述評論的科學家也以一些其他的例子進一步對我說明，第二個結果對於第一個結果來說是減分或加分，端看它究竟是如何完成的。在這例子中，一個分析程序確確實實產生了陽性的結果，而第二個則確確實實產生了陰性的結果；某些人推論出這意謂著應該將陽性結果的統計顯著性除以二。不過如他指出的，在「陰性」結果的情況下，可以視為「陽性」的門檻只是稍微降低，結果它也將會是陽性的，而完全不是把統計顯著性減半。*這裡有一些頗為詭異，或至少是無法確定的事情。正如我的受訪者所說：「(有可能)整個測試係數的說法根本毫無意義——只有愚蠢。」

透過討論野牛小組那三百年一遇的宣稱，展現了測試係數在日常實踐上的問題。據說野牛小組為了比對時間巧合曾嘗試過十二種不同的方法，只有一種給出值得注意的結果。這1／300應分成十二份，得出1／25，這概略的估計與現存的小組共識相同。野牛小組提出的辯護類似於，這十二種測試並非是獨立的，所以沒有稀釋結果。事實上，這樣的辯護絲毫無法化解與其他物理學家間的僵局，顯示出這些問題值得商榷的程度。

總結一下，把測試係數計算在內，必先決定何者可視為**相同的實驗**，只有「相同的」實驗必須考慮在計算中，不同的實驗則不予計入。接下來必須決定社會和時間「空間」的界線，以在其

*　譯註：統計顯著性除以二，即50%，得到的總和結果則是無法決定是陽性或是陰性。反之，如果只是稍微下降，那麼總地來說還是可以視為陽性。

中尋找相同類型的實驗。有了一組相同類型的實驗，人們必須決定在每個實驗中哪些測試是獨立的，哪些是相關的，只有「獨立的」可以被計算在內。這些性質——「相同性」、「在正確空間」，和「獨立」——可以被定義，但還是有程度上的差別，而非只有「是」和「不是」。

而在邏輯上，即使一個人確切知道定義所有這些無法明確估量的觀念的正確方式，他又如何得知在當下這個位置和其他地方進行過多少次的測試？再一次，如同解決所有這類準哲學的問題，如果要在結論中得出一個數字以正確代表信心程度，似乎需要關於這世上所有角色可能參與的活動的完美知識。

你心中的想法為何？

如果它只是那麼簡單就好了！但是，尚有另一層次的困難：一個統計結果的意義取決於研究小組心中打了什麼主意。假設我問你的生日，你說：「7月25日。」我說：「太神奇了！這正我心中所想的日期，而我猜對的機率是365：1。」好吧，如果我心中確實有了該日期，機率的確是365：1。另一方面，如果我並不真的有此想法，那就引不起絲毫的興趣。

要看出這是如何在重力波物理學中運作，我們可以回到「義大利人」，與其2002年的論文。回顧一下在2002年被勉強接受的那篇論文，其中的核心主張是，在一個恆星日（sidereal day）的週期中*，兩個重力棒註記了過量的時間巧合。換言之，在二十四小時的過程中，有一小時註記了一個活動峰值，也許在十二個小時後，還註記了一個非常小的峰值。第二個高峰是可以預期的，若地球對重力波來說是可穿透的，那麼任何一個重力波偵測器相對於銀河系的轉向，等效來說是每十二個小時重複一次，但它並不是十分明顯這一點也已經引起了一些憂慮。[6]

如前所提，此一發現的關鍵批評來自美國分析師山姆．芬恩。他說他已經計算出，如果把事件做純粹的隨機分布，其中的事件數等於羅馬集團所報告的事件的總數，這時若以兩種不同的方式將它們劃分成二十四個統計區段（bin）**，有四分之一的機會，這兩個分布的差異是像羅馬數據的程度。現在要問的是，數據是否足以證明該峰值是相關於地球與銀河的關係，也就是恆星日，而不是相關於與太陽的關係，也就是太陽日（solar day）***。芬恩的觀點是，出現峰值的事實是發生在依據恆星日進行分析，而不是依據太陽日進行分析，因此在統計上不足為奇，代表幾乎沒有獲得任何新的資訊：如果你以亂數程序加以模擬，有四分之

* 譯註：恆星日指地球相對於某恆星自轉一圈，即該恆星兩次經過天中的時間間隔。

6 十二對二十四週期出現在韋伯的早期工作（參見《重力的陰影》，第一章）。現在對「義大利人」的分析似乎顯示，二十四小時的週期性是可以接受的，儘管韋伯發現二十四小時的週期性被許多人，後來甚至包括韋伯本人，認為這是一個不可能的結果。回想起來，韋伯最初的發現可能是可以接受的，但面對批評似乎改變，而事實並非如此！

** 譯註：方直圖中的最小計數單位。

*** 譯註：地球相對於太陽自轉的一個週期。

一的機會，你可以得到這樣規模的事件發生率的差異。

此外，芬恩認為，即便是原先主張中最重要的零延遲過量，不論其叢聚與否，在統計學上都是靠不住的。他計算出，類似羅馬數據的亂數分布在二十四個統計區段中，單一區段特別突顯出所呈現的程度，在統計上的不可能性只比1個標準差大一些——也是只有四分之一的機會。

在羅馬集團論文中，他們提出其找到的叢集為偶然的機率僅有1.35%。他們的計算怎麼可能與芬恩有這麼大的差異？

關於這個差異的解釋簡單，卻發人深省。如果分析師打算尋找一天中**特定時段**的相關峰值，而不是非特定時段的峰值，羅馬集團的統計顯著性水準就是合理的。芬恩所計算的27.8%是一天中**任何一個小時**出現這樣時間巧合事件峰值的可能性。

現在，我們可以看到對於理解這樣一個統計聲稱意義的問題。如果羅馬集團在完成了他們的分析後，才發現含有峰值的那一個小時，碰巧是該偵測器在對作為信號源的銀河最為敏感的位置，那麼他們的程序將符合芬恩的比喻（如他在發表的答覆中所寫的）——先射箭再畫靶。這個情況很明確是事後統計按摩，它相當於我揚言在你說出口前，我腦子裡想的就是你的生日，但我根本沒有。但是如果「義大利人」展開尋找峰值只是針對偵測器「面對」銀河的區塊上的那個小時，那麼他們1.35%的機率計算就是正確的——靶心是畫在射箭之前——就如同有人在本人告知前，真的猜中了他的生日。

有個人，我們稱他為「X」，告訴我他相信「義大利人」並非在事先就選定時間。X在一次對話中向我報告，已有一個羅馬集團的成員向他承認，他們是在事後回溯認定峰值發生的那個小時。而這麼做是有理由的。如前所述，關於在二十四小時的過程中是否存在一個或兩個峰值還有一些問題。如果銀河系中心是訊源，那麼兩個峰值是可以預期的。但是一個峰值可以用兩個偵測器的特定方位來加以解釋，如果訊源不是銀河系中心而是整個銀河盤面，羅馬集團提出整個盤面作為訊源。然而，由於銀河系中心的恆心密度相當集中，銀河盤面並不是人們首先會想到的訊源。此外，羅馬集團曾在不同的時間點，揣測有其他的訊源，比如圍繞著銀河系的暗物質「環」，那可合理化來自其他方向的潛在訊源。

另一方面，針對此類的事後數據選擇指控，羅馬集團在電子論文預印本服務器發布了一份文件為自己辯護：

> 對當前重力波偵測器而言，銀河系在作為信號來源上當然具有特殊的地位，我們認為實驗中所描述……應考慮到信號是源自銀河系的「先驗」假設。這在先前發表的論文（A）中清楚指出：……「以目前的偵測器，不應該偵測到銀河外星系的重力波信號。因此，我們將我們的注意力集中在位於銀河系中的可能訊源。」（Astone, etal. 2003）

然而在其他的狀況下，比如對2002年發表宣稱的辯護（見下文），他們似乎不太在意有關事先預期時機之敘述的證據，這暗示了無論是分析開發之前或之後，考慮任何合理的模型都是合法的，只要他們不是以增加結果的顯著性來進行**選擇**。這種說法在貝葉斯方法中是合理的，這一點將在之後討論。但就頻率論分析而言，我們可以看到它直指選擇背後的動機——就是分析師在做出選擇時的**內部狀態**（internal state）。

社會學的觀點是這樣的：試圖找出羅馬集團是何種心態是不明智的，我們會因此走岔了路，發現人們內部狀態的是一個充滿危險的事業，且就眼下社會學的目的，我們沒有必要嘗試發現它們，或甚至揣測它們。[7]儘管如此，針對頻率論的統計分析，了解內部狀態仍然至關重要，這從物理學家耗費大量時間和精力，試圖建立它們的形貌，即可看出。X，一位有成就的統計學家，認為羅馬集團在口頭報告中對不同的叢聚時間進行的處置，與所做的宣稱高度密切相關。且不談貝葉斯分析，具體而言，它的差別相當於，2002年1：4的可能性是歸結於偶然——一個幾乎可以肯定不值得追求的結果；還是一個1：75的可能性——一個人們可能也想追隨跟進的結果。

面對這個兩難，解決方法通常是要求分析師在事前陳述他們打算要找什麼，比如亞思頓等人宣稱他們所做的。現在，讓我們來總結一下目前已經確定的內容。即便是頻率論統計吹噓的客觀性，要知道發表論文中機率陳述的真正含意，必須知道報告團隊的活動歷史，必須知道其他每一個「類似」的實驗和分析活動的

7　再說一次，這是反犯罪調查原則。

歷史。必須定義一個時間區段和一組物理位置，把在其中的活動視為「類似」，並且必須定義「類似」什麼是意思，和類似的實驗中「獨立測試」的意思。然後必須知道分析師有什麼想法，諸如此類的事情通常只能在有相當程度的不確定性下加以定義，並在漫長的正當性審判後，面對各持己見的意見分歧。

貝葉斯方法

我在前一節試圖建立的是，頻率論統計充滿了主觀性和無法解決的不確定性。這違背其用以反對貝葉斯主義的論點——頻率論統計是客觀的，而貝葉斯統計是主觀的。其實，兩者都是主觀的，且兩者都讓一個門外漢難以經由所呈現分析結論的計算形式中，意識到其主觀性。貝葉斯主義宣稱，為一個人的先驗信念賦予一個數字，會迫使人們明確地陳述它們，並認為這是一種美德。

透過再一次思索「義大利人」的做法，是說明貝葉斯主義的方法，最容易的方式。在2003年發表於《古典和量子重力》期刊的一篇冗長而技術密集的論文中，亞思頓、迪亞哥（D' Agostini）和安東尼奧（Antonio）提出了對亞思頓等人2002年論文的貝葉斯辯護。他們認為，2002年那篇論文的意義取決於一個人的事前預期——也就是認為每年重力波事件的合理數量。如果數量非常高，則該論文顯示預期是錯誤的。如果數量非常低，則該論文不提供新的資訊。但是，如果事前預期是落在明確發現的區域，那麼發現的結果則對銀河系中心作為其訊源（有趣的是，在這種分析下的訊源並不是銀河盤面）提供強有力的支持。他們並沒有宣稱有任何超出於此的證明，也就是他們說，他們還不一定發現重力波，他們的發現只在資訊方面增加一些補充，並對於他們在事前假設的預期出現率的正確性，經由實際發現的結果略為獲得支持。他們聲稱，這種添加一小段資訊到另一個，就是科學的工作方式。我們似乎可以合理地說，即使是頻率論也要有事前的預期或模型，如果真的要進行科學研究，以如此微小和暫定的方式來改變先驗模式，可能不是件壞事。[8]

必須要說的是，在經歷這些波折時，「義大利人」的立場並非完全一致。他們一度宣稱已經明確陳述銀河是訊源首選這個先驗想法，但即便如此，也出現了銀河系中心和銀河盤面之間的轉換。他們也可以辯稱，依據一致認同的天文物理對自然與潛在訊源普遍看法的脈絡，這麼不靈敏的偵測器，看到任何東西的先驗機率非常低，即使是經過認可的貝葉斯理論也會對整件事保持沉默。「不帶著理論偏見看世界是實驗者的權利」，這是極為非貝葉斯主義的說法。（應該牢記這是我說的，這是我的短語。我並沒有聽到任何「義大利人」實際這麼說過，雖然這種情緒在引述大

8 我應該補充一下，亞思頓、迪亞哥和安東尼奧那篇貝葉斯主義的長論文沒有任何影響力。在Google學術搜索中只顯示一個自引。在這裡，我正在進行對社會學家而言相當特殊的練習，認真對待一篇科學家們自己視而「不見」的論文。我相信我被允許這樣做，因為我沒有用它來支持2002年的論文——這是科學家們感興趣的——而是為關於漸進主義的科學發現本質更一般性的觀點，增加一些相關說法。

衛・布萊爾的說法中，非常清楚〔見本書第三章〕，並在《重力的陰影》一書中討論不少。）因此我們可以說，當貝葉斯主義適合他們時，「義大利人」就是貝葉斯主義者，而當它不適合時，他們就不是貝葉斯主義者。但我要再一次引用反犯罪調查原則：我不知道，也不關心有關這的任何一點，因為這不是我的工作。在任何情況下，在一種脈絡下採取一種立場，在另一種脈絡下採取另一個，雖然不應該被建立為指導原則，但在實踐上這樣做對科學的進展可能是好的；人類一直是這樣做。而在這裡，我感興趣的只是人們從各式各樣的論據中，提煉出立場一致的邏輯。

現在我們可以問，如亞思頓、迪亞哥和安東尼奧在2003年發表於《古典和量子重力》的論文，這些論文只有微弱的宣稱，且只有當某些初步的、樂觀的假設是正確時才會有效，而發表這樣的論文對科學來說是好是壞。很明顯地，如果你擁護的是一個更新、更昂貴的技術，而這種技術基於對重力波通量的悲觀假設，而使得舊技術顯得過時，你就不會想要發表它們。但是，讓我們拋開這一點，並試著考慮「本然的觀點」（the view from nowhere）*。

這裡要針對頻率論提出一個問題：如果你要求論文必須是堅實的發現宣稱，而不該僅僅提出，如我一位美國物理學家同事所淡淡地指稱的「方向」（indicazioni）**，那就很難建立起先驗假設。

* 譯註：美國哲學家湯瑪斯・內格爾（Thomas Nagel）的著作。

** 譯註：義大利文，意指含混的大致傾向與暗示。

我們已經看到，即使對頻率論者而言，「義大利人」心中所想的對結果的意義具有關鍵性的影響——他們的信號出現叢聚的機率是1：4，或1：75，取決於選擇的關注時段是在結果浮現之前還是之後。但要建立堅實與清晰的先驗假設，唯一的方式是透過發表加以傳播。

另一種做法則是「第22條軍規」（Catch 22）*。假設你有一個暫定的宣稱，你不應該發表，但能使下一個宣稱更加確定的唯一方法就是發表暫定的宣稱。「義大利人」只能透過發表他們的宣稱，才能避免在下一輪的數據收集時，再次遭到先射箭再畫靶的指控。而且，如其所發生的那樣，他們下一輪的數據收集似乎並不支持目前已明確提出的2002年結果，因此，即使是基於LIGO的頻率論者也應該感到欣慰。2002年的發表讓「義大利人」無法改變自己的立場，而他們應該是想改變的，如此才能支持把總體的數據視為新加入結果的新詮釋。實際上的結果是，新的數據不支持陳述明確的2002年宣稱，我們現在知道，2002年的論文完全沒有包含新的資訊——它以毫不留痕跡的方式在科學中消失了。而這有造成什麼傷害嗎？另一方面，如果額外的數據加強了2002年的宣稱，其累積的重要性將遠遠大過總體數據組一個全新的宣稱：如波普爾所言，一個「大膽的猜想」一但形成，將是對證偽敞開了大門，這將增強數據的「科學性」（scientific-ness），那是對它的確認，而不是證偽。

* 譯註：美國作家約瑟夫．海勒（Joseph Heller）的作品，意指進退兩難。

有四個不發表的理由，第一，關於該領域令人尷尬的歷史，和它許多未經證實的宣稱，科學家覺得這會讓這主題成為科學社群之間的笑柄——這不是「科學」的原因。其次，干涉儀集團將獲取唯一可行技術的利益——這也不是可以合法地公開宣布的理由。第三，科學喜歡的觀點是，這應該只涉及二元的程序，發現／沒發現、諾貝爾獎／沒得諾貝爾獎，在這種情況下，「暗示」的宣稱是偷偷摸摸走後門，試圖從更值得它的人身上竊取功勞——這關於聲譽與獎勵，而非知識。第四，一般人傾向將科學視為確定性的生產者，在這種情況下，爭議和分歧不可外揚——我將在「跋」中論證，這一點並不是做科學的最佳方式。

爭議不可外揚的看法，我在別處將其描述為一種「證據個人主義」（evidential individualism）的偏好，即每一個人或實驗室是私底下擔負著，從暫定的暗示到正式發表的觀察宣稱，這整個科學發現環節的責任。[9]它對應的是「證據集體主義」（evidential collectivism），也就是透過對公開發表的暫定宣稱進行公共辯論，讓更廣大的社群擔負起科學真理的責任。以下引用自2002年國際重力波委員會的會議，社群對羅馬集團論文的拒絕說明，從這段選錄中很容易可以看出是證據個人主義發揮了作用。其說法是：

> 在粒子物理學界，粒子物理學社群的傳統是……99%的物

9 《重力的陰影》，第二十二章。

> 理結果，在它送到新聞界，以及歸檔紀錄的期刊之前，得經過粒子物理學社群的內部審核過程。
>
> 我們（應該）……對在這社群中如何處理與呈現成果，協議出某種準則……因為我們要開始有成果了，當我們有成果，我們真的需要一種大家都遵守——不是完全一致——的規則，當我們要進一步呈現結果時會試著遵守它，讓我們呈現最好的論文，含有最佳的資訊，而不是在付梓之後辯論——我認為在付梓之後辯論是個很糟的問題。在我們的社群內部，它會讓即使可能是非常正確的事情（當然事情可能對可能錯），也變得充滿爭議。而這是不必要的。
>
> 現在的問題是……爭議應該出現在哪裡？是在論文發表於期刊之後，在見諸報端時，還是應該發生在尋求廣泛評註的預印本釋出的時候？
>
> 現在的問題是，公開數據的時間點——是在發表它的時候，或是在中間有一個步驟，你在那時將其揭露於社群，也就是我們。

什麼應該發表？可能性的暗示應該放在公共的競技場，還是一切都應該保存在內部，直到達成確定性為止？我們之後會回到這問題。

本章，以及不確定的結果是否應當發表的問題，已經揭露了一個事實：儘管統計學進行的是計算，實際上代表的是判斷。統計檢測有著影響其意義的歷史，但它從來不是完全可知的。統計檢測就像是一輛二手車。它可能閃閃發亮，但可靠與否是取決於過往擁有者的數量，以及他們如何駕駛它——而這一點你永遠無法知道。

本書開始於我坐在洛杉磯機場，等待自阿卡迪亞會議返家的班機。在會議中，「信封」打開了。我們現在再回到阿卡迪亞會議剛開始的時候，轉換到當時那種緊繃的氣氛。

雖然不是每個人都同意所有適切的工作都已完成，但大家卻有共識，現在是揭開事實真相的時候了。在當時，從首次注意到一個有潛力的候選事件開始，到完成對它的分析，已經經過了十八個月。與其他類型的天文科學相比，重力波探測需要的時間似乎太長了。如果要實現（對天文物理的——譯註）許諾，人們需要一個能夠很快與其他天文學家目擊現象進行比對的結果。依目前狀況看來，人們一再地承諾要開啟信封，只是不斷地推遲時間，因為人們認知到仍然需要完成更多的事前分析。請記住，問題在於沒有人願意進行回溯式的分析，而一旦知道了信封內容，任何進一步的分析看起來都會像是「事後諸葛」。因此，人們希望能夠在信封打開之前，做完所有在合理的範圍內可以完成的分析。目前看來，要在「盒子」打開之前完成某些分析程序和所需要的完整分析會有些阻礙。雖然有人認為必要的事前工作仍不完整，然而繼續拖延讓時間白白流逝，使得他們這種看法顯得不合理。如果內漩小組能夠像他們打算在未來進行的那樣，趕快進行分析，事情就會改觀。

摘要

爆發小組已經完成了摘要的初稿。如果最後的結果是秋分事件並非盲植，那麼這份摘要就將會交付發表。之所以必須寫這份摘要，因為它報告了S5的上限結果，況且若秋分事件不是植入，那麼就必須把上限的計算考慮在內。規則是，在信封被打開之前，論文必須寫出已達成的結論，陳述要堅定且不含糊；沒有任何讓步的空間。內漩小組沒有發現任何具有統計顯著性的事物。爆發小組則必須處理秋分事件。最終會如何演變的可能性有三種——植入、相關聯的雜訊，或低於成為發現報告閾值的事件。「植入」不屬於論文的概念範圍，因此必須在另外兩個選擇中擇一。據我所知，關於摘要中該有些什麼內容已經產生了巨大的爭辯，而其內容是衍生自羚羊在阿姆斯特丹的結論評述。原始論文最終草擬的摘要請看附錄2（頁275）。其中的指涉到秋分事件關鍵句如下：

> 在某個分析中的某個事件通過了所有的選擇篩選，相較於強度與背景事件的分布，其統計顯著性微弱，並已接受了額外的檢視。基於其統計顯著性，以及其頻率與波形和背景事件的相似性，我們並不把該事件認定為重力波信號。

那些句子曾被換成類似以下的句子：

> 在某個分析中的某個事件通過了所有的選擇篩選，相較於強度與背景事件的分布，其統計顯著性微弱，並已接受了額外的檢視。該事件無法排除為重力波信號，但在頻率與波形上與背景事件相似，及其統計顯著性太低，不足以充

分支持陽性的認定。

這個差異看來似乎很小，但實則不然；這就是為何確切措辭要經過如此長久的爭論。此外，值得注意的是科學工作如何完成的過程：有計算，但最後訴諸的，卻是文字。爆發小組自陳，雜訊，是這起事件的最現成的解釋。他們選擇不說它是一個過於微弱而無法被視為發現的事件。至少有些合作團隊成員認為其中一個關鍵成分是瞬變干擾。他們想要以另一種方式表達自己，但一直被強烈的否定意見，比如Virgo成員的看法所壓制。[1]

如果它是一個盲植，而不是雜訊呢？如果是盲植，那麼它本來的目的是要看起來像是一個重力波信號，而事實上它看起來也像雜訊，這就是顯示了重力波有時看起來像是個雜訊。在這種情況下，爆發小組是否做出了錯誤的選擇？由於該事件是如此地微弱，做出錯誤的選擇，在物理學上不會是個嚴重的錯誤，但在心態上可能是。爆發小組成員不允許自己只因看到微弱重力波的可能性就感到興奮；他們也不會因為自己的原始事件不夠格而滿腹遺憾。謹慎戰勝希望。

打開信封

房間裡滿是懷著期待的人。LIGO的主任杰・馬克思即將拆

1　Virgo成員堅持，不應在摘要中提及伴隨秋分事件的實際統計信心度。

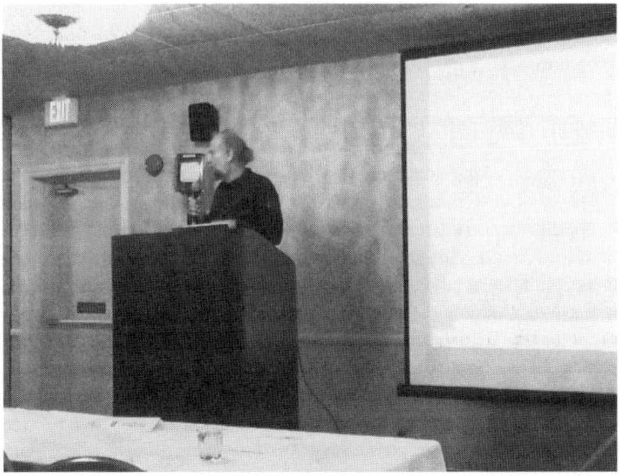

──圖 11──

杰．馬克思即將拆開信封。

開信封（圖 11）。他站在講台上，投影片簡報也準備好了。他精心挑選了一個廣受好評的俏皮話，稍稍舒緩了緊張的氣氛：「我對這個團隊做過很多次的演講，這是第一次，我看見兩百多個人，沒有一個在檢查他們的電子郵件。」[2] 接下來，馬克思秀出一張玩笑似的投影片，上面是個非常陳舊的信封，但大家越來越不耐煩，這個笑話的效果沒那麼好。

2　這是物理學家的習慣（我也養成了這個習慣），所有這樣的場合，他們都會在自己連線中的筆記電腦上工作，不論在前面演講的人是誰。這並不一定看起來很無禮，因為他們可能正在做筆記、看播放中的線上簡報的投影片，或是檢查演講者的計算。但其實大部分的人是在寫程式、準備自己的演講，或回電子郵件。

然後，他放出了他第一張正式的投影片。當團隊弄清楚它意義的當下，有著片刻的沉默（圖12）。

在S5有兩個盲植！所有的討論都是針對秋分事件，但有兩個盲植，而不是一個。至少，其中之一完全被忽略了。

而且還有：在9月13日，有一個響亮而明確的內漩信號的植入，它在各方面看起來都不像任何的瞬變干擾，但卻完全沒被看見。第二個植入就是秋分事件，在爆發小組認為它太像雜訊之前，他們幾乎已經準確識別出它的特點。植入小隊在H1和L1的輸入如圖13所示。[3]

馬克思說：「我們觀察到有個顯著的東西（聲音不清楚）在其間，但我們沒有大刺刺地說些什麼。」

當聽眾接受了他們所聽到的內容，隨之而來的是幾分鐘的詭異氣氛。很多人，包括我在內，曾預期信封開啟將會是個虎頭蛇尾的事件。之所以有人認為它會是個虎頭蛇尾的事件，是因為如果秋分事件不是盲植，它就如同每個人認為的，純粹是個雜訊，而且也有人認為，如果它是個盲植就很無趣，因為「那又怎樣？」（So what?）。但實際上，秋分事件是個盲植，這個事實在揭露的時刻真正到來時，一點都沒有索然無趣——人們突然覺得應該給予這個一直沒有得到太多尊重的事情，真正的關注。更別說，還有第二個植入沒被看到。聽眾的反應混雜著笑話和笑聲，緩解了緊

3 與圖4（頁131）相比，此圖顯示了植入與提取信號的吻合，也說明了在偵測器中揮之不去的，雜訊和響應函數對所見信號的影響。

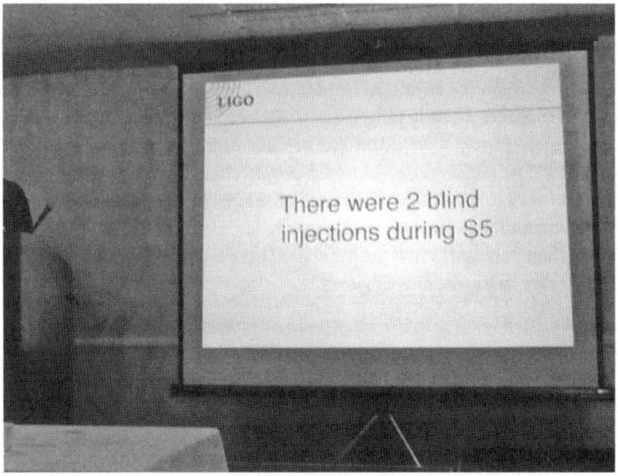

——圖 12——

第一張投影片。

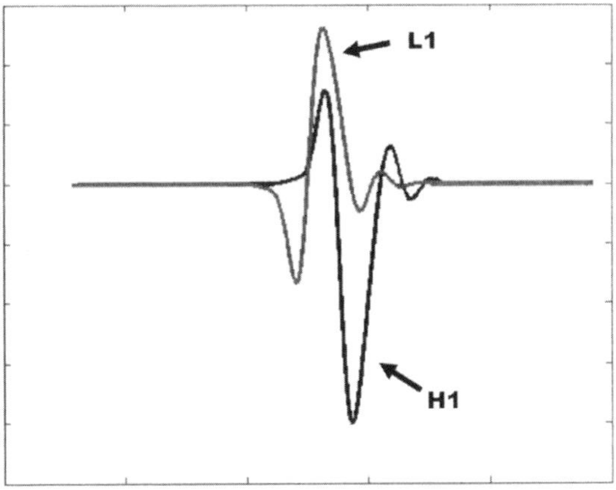

——圖 13——

植入信號。

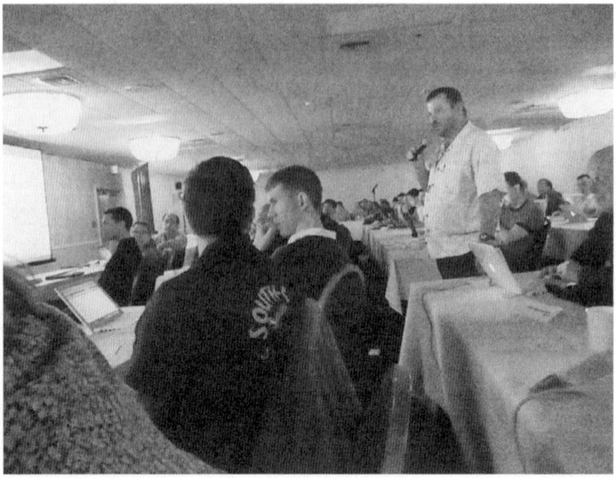

──圖14──

打開信封之後。

張的氣氛，而馬克思在他的介紹中穿插了一些嚴肅安靜的片刻，藉此表明討論事項的嚴肅性。我當時做的筆記在論及秋分事件時寫到：「房間真的非常安靜，人們想知道他們為什麼沒有投入。」

接下來的半小時非常吸引人，人們接受了他們所聽到的內容，並開始劃定立場。我們將專注在秋分事件，因為另一個植入──那個被錯過的內漩信號──完全就是個簡單的問題，儘管爆發小組有位資深成員在討論中表達了對此的遺憾：

> 因為有很高的微震動，所以它被第三類的否決機制所否決……但它是第三類的否決機制，因為我們要分析數據，因為我們要偵測數據中的某些東西──而我們還沒有產生

> 出直方圖。這些植入也許是重力波信號，在打開盒子前我們忘了，我忘了要那些直方圖，我經常這麼做……我們總是說，我們會檢視所有我們分析的數據，而我們沒有看到我們分析的所有數據。

片刻之後，內漩小組的成員已經透過在筆記電腦分析適當的數據段找到了內漩事件，並展示了分析演算法如何正確地標示出具有正確恆星質量、距離等的正確模板。如同摘錄引文所顯示的，它被錯過了，它發生在由數據品質旗標所否決的數據段。然而，這個否決是第三類輕觸否決，需要進一步的複審。複審應該在適當的時機完成，但他們並沒有在信封開啟前這麼做。中間的過程稱為「檢視直方圖」，它與另一個涉及尋找H1和H2之間的時間巧合，都將會顯示出那個被否決的數據需要更多的關注。上述兩者都被安排與主要分析並行展開，但在開啟信封前必須及時完成主要分析的時間壓力下，他們並沒有做到。如果得以重新檢視這些遭到輕微否決的數據段，這個事件終將被偵測到。這一事件說明了在涉及否決之處會有的邏輯選擇。學到的教訓會引起優先順序的重新排序。此外沒有什麼可多說了。

秋分事件更加複雜，因為它仍然有可能產生成功的結果。如果該事件不夠清晰到足以成為一個偵測，那麼LIGO社群可以說，基於誠信，他們拒絕給予此一時間巧合，超出他們對一連串偶然雜訊的支持。第一反應表明了隨後的論點。經常引用測試係數問題的資深理論家很早就有力地說出了他的慣常觀點。他說，除非與其他在電磁波光譜（或類似）中的東西有相關性，否則不可能將未模型化的事件宣告為一個偵測。這得到了來自與會者強烈地回應：「我們不需要一個模型。如果我們看到某些具有統計意義的東西，我們應該有膽量說出來。」

出人意料的是，一位非常資深且以謹慎稱著的科學家（尤其是當其涉及與人工裝置混淆的信號時），他說：

> 也許（我會）與（資深理論家）爭論這個問題。我們猶豫的唯一理由是，在這數據中有許多看起來非常像這個發現的事件（瞬變干擾）。這是唯一的原因。但事實是它們沒有一個是——如果你以最樂觀的水準看它們（譯註：瞬變干擾）的出現率，得到的仍然比我們現在的（譯註：秋分事件）還要小……如果人們問您會發表這個事件嗎，那麼我就會如此反駁。那是一個完全不同的討論。那個討論會是：我們應該等到S6的中期，我們會看到更多的事件嗎？……在另一方面，我認為讓我們猶豫的是，許多我們視為背景的事件，看起來與此類似。我認為這非常情緒化，OK，我感到內疚。

更出人意料的，有個在摧毀羅馬集團2002年論文可信度上著力甚深的分析師表示：

我想在比這個稍高一些的層次做個評論。我們現在，以及可預見的未來，正在可偵測的邊緣工作。也就是說，我們可能會非常幸運，獲得一個非常響亮的訊源，我們可以毫不含糊地相信，而且你知道，有些人甚至會在論文發表前，衝去買去斯德哥爾摩之類的門票。但是，我們之中的大多數幾乎肯定不會有那樣的信心，那也許是我們之中某些人想要的。我認為我們需要習慣一個觀念，就是作為一個群體，我們必須說我們已經看到了一些東西，並且承擔其風險。這不一定是壞事。但我認為我們必須讓自己進入我們可能是錯的那個思維框架。天文物理學的其中一個好處就是，沒有人會真的知道。（笑聲）[4]

另一位成員呼應了此言：

我正打算說些與（……）所說相平行的東西。我們當下有個保守的心態，也就是，我們不想發表我們沒有真的看到的東西。我認為這一點都沒錯，但我想我們必須決定，我們是否願意為了保守，而忍受沒有看到某些確實存在的可能性。那是一種成本效益的分析……

在最後三則評論中，我以為我聽到了「義大利人」鴿子歸巢

4　把關於天文物理的評論視為那個觀眾所接受的笑話，是對的。

的咕咕聲。

合作團隊中一位資深成員表達了貝葉斯主義式的感想：

> （我們的）保守主義會逐漸減弱。當我們在檢視我們的第五十七個偵測時，就不會那麼保守了。但，對於很多事件，我們將總是處在靈敏度的邊緣。因此，從雜訊中挖掘出信號的問題將會一直伴隨著我們——不會是每一個，但是會是很多的事件。

另一位聽眾對事情的結果表示遺憾：

> 我很擔心這所意味的……我想……我們應該更嚴肅的考慮爆發小組的爆發搜尋。也許還沒有準備好走出去，告訴（這世界，但）我們當然應該把它看作一個偵測（但我們沒有）。我想很多人的心理（已經是）「它看起來像一個盲植，所以我們不用擔心太多，我們將會打開這個信封」。我希望這不是一個盲植。我真的認為這是真的。我不認為我們可以聲稱它（為一個發現），但我完全不認為它看起來像背景。（在一些交流後：）我不認為我們所有人都認真地對待它。**我們沒有在走廊裡談論它**……（此為筆者強調）

另一位合作團隊的資深成員說：「（最後）這一點是一個非常

非常嚴重的問題，我們還沒有讓自己進入到『我們可以偵測到一些東西』的心靈狀態。」

我們將回頭討論來自與會者最後，或接近最後的評論。有人說：「我們太偵測導向嗎？換句話說，為什麼我們要等S5或S6找到偵測？我們匆忙些什麼？匆忙的科學依據是什麼？」

緊隨的餘波

接下來的幾天都很緊繃。有些人變得非常煩亂。據說，一位合作團隊的高度敬重成員（highly respected member，HRM）在會議上表示，盲植挑戰顯示了這個合作團隊是失敗的，而且絕對不會探測到重力波。然而，這位高度敬重成員確認了他所想要說的是：「這演習顯示，**在那個關鍵點上**，合作團隊害怕僅僅依據重力波信號就做出偵測到信號的宣稱……合作團隊將會做出偵測，但是遠不在我當時所期望的時機點上。」（私人通信，2009年9月）

該討論火熱的程度可顯示在一件事上，那些為低估秋分事件擔責的人，感覺自己受到攻擊，而對此非常不滿。我在會議期間訪問了高度敬重成員。他對我說：

> 我其實挺失望的。我覺得比什麼都重要的是，我認為它表明我們整個社群還沒有真正超越對首次偵測犯錯的恐懼。不幸的是，我認為每個人的觀念看法都被約瑟夫·韋伯的經驗所影響，每個人都想要超級謹慎。如果只是檢測原始

統計數據，我會……接受爆發小組（第一次）的評估，隨機時間巧合的機率為12 %（在此，這位非常資深的科學家對統計結果採取非常保守的看法），這意味著它有88 %的機會是由某些東西所引起的。就可能性的比例來說大約是8：1。這樣的信心顯然不足以聲稱任何新東西——這一點我接受——但在內心深處，你真正該相信的是，你應該放手一搏，而我們並沒有這樣做。……爆發小組真的仔細地檢視了它，真的試著了解系統性問題是什麼。他們這麼做，卻沒有善用偵測器運作在實驗方面的理解。我不認為他們真的曾經花很多的時間了解儀器的特質，他們或許可以在這裡找到增加或減少它真正機率的方法。

最後一句話暗示了也許經由完成某些工作，透過深入檢視瞬變干擾的物理成因，或許可以把它們其中一些加以消除，而找出降低背景的方法。訪談出現一些有趣的轉折：

柯林斯：所以你不喜歡（爆發小組的論文），因為它太過輕忽其為重力波的可能性？
高度敬重成員：是的，沒錯。

接著，高度敬重成員給我看了一篇爆發小組分析秋分事件所產出的長論文，並透露出即使看起來像是個瞬變干擾，但經由「偵測器響應函數」的形塑，它的波形就會像預期中的某些真實事件：

柯林斯：是啊——我聽到有人說，這儀器就像一個帶通濾波器(band pass filter)，所以一開始看起來像是內漩信號，但最後看起來會像是個瞬變干擾。

高度敬重成員：是啊——因為所有這些東西（內漩波形的初期部分）顯示的頻率太低，因此通過（帶通濾波器——譯註）的都只是最後一點點，所以很明顯地，它無法完美的配對。但它為什麼要呢？(如果我們還沒有透過實驗證明它，也還沒有計算出所有細節，我們根本還不確定這個的波形應該是什麼樣子。)

你知道有些事，像是重新建構出（重力波源——譯註）位置，發現涵蓋了超級星系團——英仙座星系團。在這種事件的發生距離範圍，它是銀河系中相對比較近的最大型星系團，由於信號混雜在這雜訊中，它們實際上把信號減弱了六倍。

因此，你有很充分的理由說「這可能不是真的」——這個他們有寫進論文中。你也有同樣充分的理由說：「你知道，有些東西使它看起來還不錯。」這些也應該放在論文中，但他們沒有。

柯林斯：我認為人們畫地自限，部分是因為對約瑟夫·韋伯的嚴厲批評，部分是因為對義大利人非常非常嚴厲的批評。

高度敬重成員：是的。這也是有的。

柯林斯：他們從來不允許任何暫時性的說法——你要不是宣稱重力波，不然就不要宣稱重力波。否則你就是心懷不軌，意圖在諾貝爾獎分一杯羹。

高度敬重成員：而（另外一個非常有影響力的人物的名字）是強烈抱持這種立場的人士之一；他對羅馬集團非常苛刻。我看了他們所做的。我覺得他們是用統計手法稍微捏造了一些東西。他們沒有把測試係數含括進去。但我不認為他們所說的有那麼糟糕。他們說，我們不能排除這是一個重力波。它有一些最低限度的統計顯著性，我們不能排除它是一個重力波。那麼，實際上從能量密度與波的角度上來看很可能是有的，我猜那是一個……

柯林斯：但這是天文物理的論點。

高度敬重成員：這是一個天文物理的論點，順道一提，我認為它實際上是非常強大的一個，但除此之外，我認為他們說的並非沒有道理。當然，即將產生的第一個證據會是個最低限度的證據。它將會是在邊緣……（這些評論經由高度敬重成員略為編輯。）

另一位以態度謹慎聞名，非常資深的科學家告訴我：

對我而言，這整件事情聞起來的氣味像是「我的天啊，在我們開始認真檢視信號中的候選事件前，我們就要求一切完美嗎？」請不要誤會，我不是在說發表。我們還沒認真以待，而且事情尚未在合作團隊中提出。所以，等於是說，我們所做的是透過如此保守的行為，讓我們的靈敏性變差了兩到三倍。這太可怕了。這是我的問題。

柯林斯：你覺得現在會改變嗎？

喔，人們會對此氣瘋了，所以會改變。我希望。

針對稻草人式的虛構爆發小組論文，我與一位深度參與起草摘要的科學家討論摘要的實際措辭時，獲得了另一種觀點最清晰的版本：

我想說的是，包括我自己在內的許多人都不希望這些句子讀起來像是來自2001年——或其他任何一年的羅馬論文，那令人惱怒之處在於它模擬兩可地玩弄著「我們並非真的有什麼很好的證據，但希望你認為我們也許有」。而那篇論文困擾我們。人們或可各自從中汲取不同的結論，但困擾我和某些人的是我們不想被指控為試圖踩在那條曖昧的界線，而實際上我們並無力將榮譽繫於其上……在模擬兩可與曖昧中，我們試圖留在清醒節制的那邊。我應該說，即使對秋分事件在摘要中占有如此多的分量也經過了一場激烈的辯論。我們的一些同事，主要是Virgo的同事，認為我們給了秋分事件太多的關注，因為我們的結論將是我們沒有做出偵測宣稱。我覺得他們錯了。我很自豪我們

> 把它寫成了摘要，因老天爺知道，這就是我們在這次搜尋中必須大汗淋漓的事情，不僅僅因為它很難，而是因為它很重要。

在討論了更多涉及計算事件的確切統計顯著性方面的問題後，這位科學家說：

> （到了）最後，在我們有了那種不致令我們日後徹夜難眠的證據之前，我想我們的堅持是完全正確的。所以，即使現在外界認為，與其他我所尊敬的人相比，我在這個問題上極為強硬，我仍然認為這是應該做的事情。

該科學家提出解決這些問題的整體方案是求助於統計顯著性水準，那將征服一切無解的問題：

> 我漸漸變得更加尊重我們從高能物理學中繼承而來的傳說，即「在你宣稱偵測到之前，堅持5 sigma」。我們曾經抵制這一點，因為在某種程度上，我們的雜訊是非高斯的，因此sigma對我們來說並不一定有意義，這可能就是為什麼我們沒有採用它，但它已經成為一個檯面上的評斷標準。而人們渴求它，因為在高斯雜訊中，5 sigma的誤報率算是非常小的。但它有個長處，他們之所以不會為測試係數或任何其他因素而苦惱，因為他們知道他們有一個

巨大的測試係數，我猜他們已經知道這很難以任何準確的定量方式說明，因其存在太多含糊之處。因此，你想要達到的程度是：就算有人將測試係數弄錯兩倍，從統計的角度來看，這並不會改變此一發現幾乎無可爭議的本質。雖然我們試圖在不同層面上採取積極的態度——強硬派的其他人希望我們能夠容忍更多的風險——但我認為我們處於一個非常不同的體系，而不是像一般人們習慣於每月或每年地試著決定，這是否是個發現？

這名受訪者是說，因為它是第一個發現，所以必須是絕對肯定的，這也就是為什麼需要一個非常強大的統計證據。然而，從更寬廣的角度來看，因為這是一個新的科學分支，尚未做出確認的偵測，對首次發現的信心是慢慢上升的；它會先在暗示性的論文中提出，然後逐漸由較不暫時性的宣稱所支持。[5]然而，當我提出這個說法，另一位非常資深的科學家說：「我認為這是廢除我們作為一個科學家的責任。」

秋分事件太像是個瞬變干擾，不用過於嚴肅看待。上面一長串的引用語錄中，與我談話的那位受訪者就是堅持這個論點的其中一位。他在之後的電子郵件中告訴我：

5　約瑟夫・韋伯在1960年代一系列增加信心度的發表是個不錯的範本。（見《重力的陰影》，第四章）

> 圍繞在秋分事件的H1數據中，（有）兩秒鐘，有幾個實際上是瞬變干擾，卻與秋分事件本身幾乎相同。它們稍微弱一些，但只有一些。從秋分事件的微弱統計強度來分辨，很難捍衛其足以成為一個偵測，因為我們可能必須以實際瞬變干擾的「迷你風暴」來解釋它的出現。

在我們的談話中，我告訴他，事實上我們知道信號可以看起來像瞬變干擾。他知道這個說法，但正如他所說的，希望能「坦坦蕩蕩」:「這在我們的偵測器上看起來像狗屎，我不會面對世界說，我們發現的東西看起來就像狗屎。」

我指出，信號可以看起來像狗屎，但仍然可以宣稱為一個事件，基於在時間巧合上的統計信心。他說：

> 這是正確的，從統計學角度看這應該是正確的。所以，現在我只是告訴你——作為一個實驗物理學家，我坦坦蕩蕩。……雜訊，我們在摘要談到它，我們總是不得不忍受它，它是使測量變得困難的原因。但是，就像窮人一樣，雜訊將永遠跟著我們，然後還有工藝的失敗，人們應該為此感到羞恥，那就是行為不良。這並沒有好的統計數據。這意味正式的統計顯著性估計比它們應該是的更加可疑……

我打斷說，這意味著雜訊被計算了兩次——一次在統計的計算中，一次在你看著信號，並說「它看起來像雜訊」的時候。我的受訪者同意這一點：

> 我認為你有抓到重點。而且我覺得我同意這一點。它確實算了兩次，它算了兩次，因為它是壞的雜訊，因為它是壞的雜訊——這是垃圾雜訊。這雜訊不應該存在。

我的受訪者解釋，還有另一個問題阻止他接受我所代表的立場。就是我們不能完全信任用於估算背景的時間滑動法：「如果我有信心我們理解了背景估計的所有細微之處——如果時間偏移不會偶爾戲劇性地在背景估計上給你錯誤的答案——那麼我會同意你的立場。」

為什麼時間滑動可能會給出錯誤或不一致的答案？有兩個問題。首先是所使用的時間滑動片段的大小。時間滑動片段的週期有一個下限。因此，秋分事件持續了約 1/25 秒，但有些信號預計可以持續一、兩秒鐘。如果時間滑動片段比這更短，在**相同的信號**的各部分間的時間巧合可能會被當成是假的，而成為背景的一部分。這將錯誤地減弱了任何真正事件表面上的統計顯著性。另一方面，如果時間滑動片段太長，它們可能比較了一台機器的輸出區域，與其他無法再現出假想信號所在時間的背景雜訊的區域。事實上，這似乎已經被採納為常規（但我一直無法找出確切原因）：一台儀器的輸出與其他經過連續 3.25 秒平移的輸出之間的比較。但是，人們擔心改變這個 3.25 秒可能會對背景產生不同的結果。時間滑動片段長度的選擇可能會引起一個背景測量的任意性。

然而，還有引起社群更大關注的東西。秋分事件發生的那一小區段的H1數據，有著異常高度分布的瞬變干擾。如果分離出這部分的數據，並使其單獨進行時間滑動分析，參照其他干涉儀的輸出，將預期表面上的背景會較高，因為如果在一個數據串流中有很多瞬變干擾，將有較高的偶然機率與其他數據流中的瞬變干擾配對。因為這方法實際上是拿一長段的數據與另一長段的數據比較——可能無法充分呈現出短暫充滿瞬變干擾的背景。這是一個有力的說法，當計算隨機發生事件可能的不發生率時，不能把這背景信以為真——它使得它看起比較不像重複計算。但同樣，關於如何以定量的方式使用這種「直覺」是不確定的。

考慮到這點，我再次提出儀器的整體設計取決於時間巧合的統計數據，但我的受訪者回到之前的一段討論：「（我們）回到我不停強調的點上：對有人試圖從我們不具有的知識，轉移到確實具有的知識，我認為堅持一個相當高標準的證據，是道德上正確的立場。」

這樣一個激烈的爭論以一個笑話做結束。他說：「3 sigma的事情一直在發生。」

我說忽略3 sigma的結果將排除所有定量的社會科學。他說這同樣適用於醫學研究，而我們都同意，這也許不是一件壞事。

現在，場景轉移到了洛杉磯機場，我開始寫這本書。

CHAPTER

7

重力的幽靈

GRAVITY'S GHOST

秋分事件是什麼？如同所發生的，我們現在知道實際上它就是一個與爆發小組所提取出來的波形幾乎完全一致的盲植。一個由植入該波形的人所想像出的天文物理事件，相當程度上符合爆發小組所認為的真實事件的樣子。爆發小組的計算是正確的！

相較於形而上的秋分事件——即從2007年9月直到2009年3月附身於整個合作團隊的幽靈，真實的秋分事件——盲植，實在是無趣多了。「重力幽靈」的存在，使我們得以從包圍在層層論證與推理中，抽絲剝繭出任何一個可能被忽略的首次偵測。然而，首先得做個答辯。

答辯：秋分事件和社會學家的角色

目前的情況是社會學家在重力波偵測物理的屋簷下做客。也許物理學發展到了21世紀，會有更多這樣的客人，而且他們角色將會受到認可。在我工作的大學科系裡，研究中心有一半是從事基因學在經濟與社會層面的研究。他們常常被笑稱，這裡的社會科學家和倫理學家研究的幹細胞比生物學家還多。微生物學接受本身的社會合法性取決於這些外人陣營眼中對他們一舉一動的

* 譯註：作者認為，相對於其他類型的科學，例如：生物、氣候、醫學……等等，物理學在量化上達到無可比擬的精確性這件事，是非典型的。相反地，在其他眾多科學哲學，或科學研究的思考脈絡中，把物理學當成科學的典型，或範型，並且將之置於科學的核心位置。把物理學挪移到「非典型的角落」，是柯林斯經由重力波物理得到的重要反思。

觀察。身處科學非典型角落*的物理學仍然會對這種審視加以防護，這就是為什麼社會學家的作用仍然如此地不尋常且隱微。在重力波偵測的情況裡，維護這種私密性有其理由，如此才可確保在進行徹底分析之前，不會被魯莽與未經訓練的人取得數據或原初發現。但在物理學界，一個如此大量依賴納稅人稅金的企業組織，這種私密性似乎沒有理由應該繼續保有豁免的地位。因地制宜的考量這種私密權的正當性似乎更自然。我依然是個客卿。

在這一章中與下一章中，社會學家的角色引發了如何能有不同做法的一些反思；這些來自一個客卿的想法可能會被認為不太恰當。例如，從社會學的角度來看，在社群中受到多數認可的高能物理模式，與根本上作為先鋒的重力波偵測科學，兩者之間存在緊張關係。

依反犯罪調查原則的精神，這種社會學評估的主題不是個人和他們的意圖，而是「角色」或機構內部具爭議性「位置」的開展邏輯，首先是重力波物理，再來就是一整個科學。這些角色是透過在此引用的個人評論意見所「彰顯」出來的。這些人，每一個都有能力依據論據和分析的目的，從一個角色切換到另一個。同樣的，所謂沾染社會學家的觀點，應該被視為社會學家角色的產物，而不是寫下那幾行分析的特定的社會學家。

社會學觀點之所以（或應該）特別，在於它與科學日常活動保持距離——距離有時能夠更容易地反應出壓力與張力，全身投入的參與者過度汲汲營營於其中，而無法反應出這種張力關係。適當地反應與分析首先需要一趟旅程，越靠近科學心臟地帶越好，那裡有著參與者所擁有的優勢。但之後，且只有事後，要退一步。這個動作對參與者而言並不自然，或並非必要；但社會學家若不後退一步，嘗試打開一個視野更大的窗口，將有愧於該角色相關的職責；即使它有可能被認為違反了身為一個客卿的本份。

這裡仍然存在著道德上危險。重力波物理學占據了我學術生涯的大部分，但它並不是我學術生涯的全部。我不會像物理學家在每個星期的每一天花上好幾個小時計算、編寫程式、分析數據，以及修復漏洞。我每天都會刪除幾十封與重力波物理相關但未讀的電子郵件；物理學家必須閱讀並做出回應。當事情看起來有趣時，我偶爾會參加郵電會議；物理學家一星期得參加兩、三個郵電會議，而且往往不是在工作時間。我不會遠離我的家庭，耗費好幾個夜晚在偏遠地區的干涉儀輪班工作。重力波偵測是我受訪者的世界，在某種意義上那不是我的世界。雖然我投入了大量精力來觀察和了解這個世界，但比不上建立它並生活其中的人所投入精力、體力、智力和情感。我的參考群體是不同的——不是高能物理學家和天文學家，而是社會科學家、哲學家，以及想要反思自己工作意義的科學家，也許還有一些普通讀者。此外，當涉及到代數、電腦程式和計算，我仍然就是個局外人。[1]

更糟的是，就像彼得．索爾森（Peter Saulson）所說的，目前我

1　但對於物理學的數學理解與其他種類的理解，請見柯林斯（Collins 2007）。

占據著這「天字第一號講壇」(bully_pulpit)。[2]現在不論是責任與否，我是眼下唯一一個書寫關於重力波物理學書籍的人，而這給了我比科學家們更多，面對大眾談論它的空間和機會。值得安慰的是，當重力波發現最終得到證實時，社會學評論幾乎必然會被勝利所煙滅蹂躪。一個老笑話很精確地捕抓到了這個狀態——**講壇上的牧師**：「撤退時瘸子可以搭車。」**刻薄的群眾則嘟囔著**：「但為時不多了。」*

當一門新科學開展時，人們不可能全面掌握事件的混雜喧嘩與叢生的疑惑。如果沒有錯誤的選擇，就永遠沒有公司會破產、永遠沒有將軍打敗仗，就沒有車禍、空難或太空梭墜機。從社會學的角度可以看出與秋分事件相關的某些抉擇可以是不同的。但也無需苛責：混雜喧嘩與叢生的疑惑始終以意想不到的方式，侵入那個我們必然相信能夠創造出來的完美世界。

抽絲剝繭秋分事件

我們從內部開始檢視層層環繞於重力幽靈的論證和推理，並

2　這是西奧多・羅斯福(Theodore Roosevelt)創造用來形容美國參議院的術語，意味著一個非常有利於發表觀點的講台。「bully」在原語境中當形容詞用，意思是「優秀」或「偉大」。

*　譯註：用以比擬社會學家(也就是柯林斯本人)目前在重力波物理學中的處境。目前雖有一些發言權的優勢，但是在不久的將來，一旦重力波明確發現，如此的優勢地位亦將隨時消逝。

由此向外展開工作。在科學的中心，我們看到一組緊張關係浮現出仍然未解與似乎無解的狀況。第一個緊張關係是在數據處理規範的凍結與常識的運用之間。該團隊發明了一套規則以防止任何蓄意或潛意識對數據進行事後按摩，而導致謬誤的統計推論。所有開發工作必須在「練習場」數據，或由時間滑動產生的人工時間巧合數據中完成。只有在凍結數據處理規範之後，才會打開真實數據上的「盒子」。但是，這個程序可能違反常識；飛機事件如此戲劇性地呈現恰恰證明了這一點。如果凍結的數據處理規範沒有預想到這一切，意料之外的因素就會使得統計恰當性與事情真相之間產生緊張的關係。在飛機事件的案例中，它需要一次對事情真相的勝利投票，但投票結果是不一致的——緊張關係仍然沒有獲得解決；依據正統模型應該是強制性和普遍性的邏輯，現在竟然成了一個選擇。

無論如何，凍結數據處理規範的想法從一開始就受到在線搜尋（online searches）的壓力。常識要求進行在線搜尋。足夠強烈的事件應該被看到，必須在運用一整套精緻統計技術之前，給予特殊而立即的重視。因為它們需要快速得到從事微中子爆發或電磁頻譜工作天文學家的注意。只要線上搜尋發現了東西，練習時間和實際分析之間的明顯區別就被破壞了。這一點無解，除非特別警覺到盲測邏輯所涵蓋的永遠不夠。

第二項緊張關係與第一個密切相關，是統計的純度與人工技巧。一方面，一連串的數字浮現自一個由干涉儀觸發的延伸事件因果鏈。該數字包括數據品質量的旗標，那意味我們對「這個」

數據比對「那個」數據更為重視。原則上，一旦參數設定，讓一隻受過訓練的鴿子操作這個全自動化的電腦程式應該就能夠分析這些數據，並說「我們不能斷定這裡有重力波」或「可以說，具有以下的信心程度，那裡有重力波存在」。就我們所知，重力波物理似乎不能這樣做。大部分的重力波科學家認為仍有人工技巧元素運作的空間，並應協同對裝置運作的仔細檢視，來審視數據。[3]在這情況下，含有H1所貢獻的秋分事件數據段，在仔細地檢視下，也只有在仔細地檢視下，發現了其分布著看起來像秋分事件波形的瞬變干擾。相對於單純的數據分析家，實驗學家的角色提出了H1對「時間巧合」貢獻的質疑。如果這個質疑占上風，就不會有任何時間巧合。從社群中眾多角色所伴隨的不同觀點看來，這要不是過度運用了實驗學家的人工技巧，就是由「找理由不相信」的願望所驅使的雜訊重覆計算。

有個複雜因素在於，實驗人工技巧可能會以兩種方式被運用。積極運用最著名的例子是羅伯特．密立根（Robert Millikan）在1909年對其油滴實驗的分析，順帶一提，這個實驗是在加州理工學院進行，那裡正是連續好幾任LIGO主任的大本營。密立根想證明電荷的單位是「整數」；也就是說，沒有電荷可以被分解為小於由電子攜帶電荷單元。要做到這一點，他需要證明在油滴的電荷從未低於此單位的倍數——沒有「分數電荷」。但是，密

3　只有非常仔細的檢視才能揭示，是否可以在像是高能量物理等領域進行全盲分析。即使從外部看來它可能可以。

立根的實驗筆記本顯示他當時確實發現分數電荷——或至少是明顯的分數電荷。他運用人工技巧，反過來將之用實驗假象加以排除，這行為在團隊合作協議下是相當無法接受的。但歷史的審判已經確認密立根的方法。他運用實驗的人工技巧提取正確的結果，而實際數據可能很容易被視為支持他的對手，那些認為電荷是可被無限分割的人。[4]科學史上充滿了類似的例子；在事件後運用人工技巧判斷，進行數據過濾和提取後顯示正確的結果。[5]然而，在重力波偵測中，在事件發生後運用實驗的人工技巧知識，幾乎總是用來讓事件——潛在結果——消失。這取向很明確：人工介入的技能可能以適當的方式被用來降低某些潛在肯定事物的顯著性，就像秋分事件；但是當上限已經設定，人工技巧則無法用於降低一個事件的顯著性，因為這反將會利用它們讓結果更具有天體物理學上的重要性。飛機事件引起大驚小怪的原因，是由於這一次，相反的做法被允許了。社群是保守的——只要是較少的科學被宣稱，而不是更多，那麼事後人工技巧的運用就不致於造成錯誤。*

藉由運用對機器的理解，人工技巧可以用來解釋與過濾掉更

4 對密立根實驗最具權威的討論是霍爾頓（Holton 1978, 25-83）。反面觀點，見富蘭克林（Franklin 1977）。

5 見柯林斯與平區（Collins and Pinch 1998）。

* 譯註：人工技巧常是用來排除不符合理論的數據。在飛機事件中則是相反，以目前科學知識所建造的干涉儀，應該要能偵測到飛機事件——因為靈敏度上限的設定。排除飛機事件將不符合於當前已知的干涉儀科學，反而引發新（干涉儀）科學的可能性。

多的雜訊，以突顯事件。如果可以了解背景事件的原因，就可以將它們從背景中排除。時間巧合的機率少了，餘留下的事件更為突出，就可具有較高的統計學顯著性。幾乎每個野牛即時小組以外的人看到其結果後，都立即要求撤回，因為他的方法受到事後決策的影響。但是，讓我再次重複，H1 周圍的瞬變干擾是被允許運用事後處置的，因為它有助於消除一個事件。[6]於是，我們可以看到內建於程序中的技術偏好。這偏好看似合理，但使用過度可能會排除掉許多科學中偉大的開創性成果。

這一點與否決機制寬鬆的判斷，不無關係。放寬太多看起來可能不可靠，但有些放寬是必要的。就如同在阿卡迪亞的事件中所顯露出來的那樣。該如何選擇？

這些緊張關係是一項更廣泛的緊張關係的元素，就是對 I 型與 II 型錯誤的接受——誤報與漏報。這樣的內在抗力存在於每一個統計科學核心，正如我們在第一章所看到的，它可上溯到約瑟夫．韋伯和重力波偵測事業的草創階段。當代重力波科學已展現了迴避 I 型錯誤的強烈傾向，以避免誤報的風險。這種害怕的心態已成為病態，從而激發了盲植的產生。

更往上一層，上述所有的緊張關係都來自於統計學中客觀性與主觀性的論辯——這是第五章的主題，而在整本書中一再被重複審視。從重力波偵測的特殊案例開始，時間滑動的區間與長度選擇的不確定性，以及處置另一項事實的不確定性，即相較於將

6　諷刺的是，野牛和他的團隊首先發現了這種瞬變干擾問題的全部程度和重要性。

時間滑動運用到整組數據上，在僅將時間滑動運用到一小短充滿瞬時干擾的片段會產生較大量的背景雜訊——這使得秋分事件看起來比較像是偶然。目前還沒有明確的「機械化的」方式來解決這個問題。

第五章已經證明，任何在統計過程結束時得出的數字，其意義也同時取決於大量地認識和理解有關團隊與個人歷史，以及當下活動的未知之事。它取決於個別實驗者在得出結果前對數據做了什麼——像過度微調就是目前關於韋伯的結果為何是錯誤的標準解釋。它取決於實驗小組的成員產生數字時在想什麼——羅馬團隊在發現一個峰值之前，沒想到在每二十四小時中的某個特定小時出現一個峰值這件事，會成為反駁他們宣稱找到一個有趣的微弱峰值的關鍵論據。這取決於團隊中其他人，也可能是在團隊之外的，也可能是在其私領域，在發表之前對數據所做的事；它不僅取決於知道，而是理解其所做的重要性——該如何計算測試係數這個看似無解的問題。最後，它取決於一個社群願意相信什麼——在一個社群中何者是被視為合理信仰的變化社會學；這就是一個非凡發現需要非凡證據的論證，通常被稱為「關於奇蹟的休姆論證」（Hume's argument concerning miracles）。就如同貝葉斯主義者和頻率論者都明白的，將什麼視為「非凡」是一場流動的饗宴（a movable feast）*。

* 譯註：海明威回憶錄，意指充滿主觀意識。

5 sigma的解決及其問題

一個試著避開這些問題的方法就是把它們埋藏在統計學顯著性的問題當中。先把系統誤差與真正的強烈違反統計學規範的程序擺在一邊，如果結果的顯著性是在5 sigma的水準——這已經成為高能物理學界的標準水準，聽說有人稱之為「5 sigma警察」的執法——那麼在上個段落中所討論的許多難題與無法解決的問題都將如以往一般被活生生地掩埋。就算我們有一個無法解決的測試係數——它也將永遠不足以讓一個錯誤率約為百萬分之一的信心水準失效。就像一名捍衛5 sigma標準的受訪者所說的那樣：

> 從統計的觀點，你想要達到的境界是不論是否有人把測試係數弄錯兩倍，都不會改變新發現那幾乎無可爭議的本質。[7]

這種方法有三個問題。首先，高能物理與重力波觀測不同，高能物理的統計累計強化是藉著等待夠長的時間以便注入更多的粒子；一切都是時間的問題。[8]搜索單一訊源則不是這樣。它們是

7　另一方面，富蘭克林（私人通信）指出了一個案例，發現的「五夸克態」的5.2 sigma結果在隨後的實驗中沒有得到支持。參見史戴潘揚、西克等人（S. Stepanyan, K. Hicksetal 2003）。

8　根據克里奇（Krige 2001）的研究，卡洛．魯比亞（Carlo Rubbia）找到了一種方法，透過利用競爭對手的結果，以更少的時間就發現了一個新的粒子，達到

典型的不可預測；一切靠運氣，一個無法控制的訊源，只能靠老天爺幫忙。[9]AdLIGO被期待是一個解決問題的方式，因為如此應會有穩定的信號串流，而可以讓這科學看上去更像高能物理一點。但是，如果等待AdLIGO是如此地理所當然被認為是唯一個保證不出錯的方法，那麼初始LIGO和加強版LIGO（eLIGO）就會反過來被重新認定為偵測能力遠比過去普遍認為的要低得多的機器。之所以建造初始LIGO和eLIGO是因為它們可能會發現一些東西，而發現的可能性則取決於其範圍。但是，假設第一個發現將會是一個微弱的事件，過分小心翼翼就意味著計算的範圍有效地被縮小了幾倍。對於某些人來說，顯現在拒絕秋分事件中的謹慎是令人擔憂的，因為它的確出現在滿是瞬變干擾的數據片段當中。就如同一個非常資深且聲望崇高的受訪者所說：「所以等級上來說我們的作為通過如此保守的行為，讓我們的靈敏度變差兩或三倍。這太可怕了。」

一路攀升到5 sigma，除了大量的運氣之外，比較可能的做法是必須等待AdLIGO，才會有一個可以上得了檯面的信號。而AdLIGO要產生好的數據最快也得等到2015年。在規畫初始

令人滿意的統計顯著性水準，並獲得諾貝爾獎。

9 實際上，隨機背景和脈衝星搜索原則上只能等待更多證據，如果電腦時間不是那麼有限：觀察時間越長，信號（如果有的話）就越多，統計數據就會累加上去。原則上，如果任何殘缺的信號能以夠長的時間加以整合，它將會變得重要，儘管完全付諸實踐可能得等待更靈敏的儀器。我的一位受訪者認為，因為從一開始就計畫建造AdLIGO，等待AdLIGO實際上就像在高能物理實驗中等待更多的粒子產生，即使乍看似乎是建造了一個新儀器！

LIGO的時候，有個來自批評者的論點是，沒有必要建立兩套設備，因為如果真正發現的機會不大，在真正的天文觀測站準備建造前，一個觀測站就足以完成所有的開發工作。5 sigma的水準比較像是用來排除初期裝置能夠獲得發現的說法，不但強化了這種論點的正確性，也暗示可以在不明顯延遲進展的情況下省些錢——至少如果我們生活在一個沒有政治或人類情緒的世界裡的話。[10]現在可以把表1「盲植的優點和缺點」(見第三章)的「缺點」那欄缺少的項目填上了。盲植迫使團隊揭露偵測器真實工作的靈敏度，而不是理論的、或被測量到的靈敏度。在沒有盲植（或在S6中出現真實事件）的情況下，這些差異就不會被曝露出來。正因為如此，我們有機會看到，初始LIGO偵測器隱含的諾許，與其實際上允許達到的性能之間一連串的不相襯。對社會學家來說，與此相對應的好處是，對於什麼是算得上一個偵測，科學家們被迫承認伸出魔手。反之，若沒有盲植，在AdLIGO(預計)將問題處理掉前，這個問題將無法得到答覆。

5 sigma標準的第三個問題是，其可能在AdLIGO到來前的歲月中，催生出重力偵測物理學的假模型。LIGO是成功的，其成功意義在於，它面對諸多是否可行的懷疑，以不是非常離譜的時

10 我在《重力的陰影》(717)中指出，所有數據分析處理規範都可以透過使用來自一個干涉儀的時間平移數據組來開發。我在《重力的陰影》中辯稱，如果得要建造兩個場址才能讓資深科學家們感興趣，並耗費生命在這個計畫上，這麼做似乎仍然是正確的。如果設定如此高的檢測標準，而沒有任何發現是可能的，那麼事後看來，即使這個理由也會變得搖搖欲墜。

間完成了具有近乎神奇靈敏度的儀器。此一成功是在高能物理學家的領導下所帶來的。Virgo在很大程度上也是由前高能物理學家驅動。我在《重力的陰影》一書中主張，只有高能物理學家可以理解帶來成功所必要的精微奧妙，包括政治的迫切，和粗暴露骨的大科學機制。如果LIGO要能夠存活，並達到合理的靈敏度水準，對這些精微奧妙之處的理解，以及隨之運用某種程度的認知與管理上的粗暴，都是必要的。但現在，那個LIGO「上線了」，當代高能物理也許是個錯誤的模型。

在我與杰・馬克思討論統計學意義的最後（見《重力的陰影》第五章，頁99），我問他，5 sigma已經被證明為高能物理的正確標準，但對重力波物理而言是否也是正確的標準：

> 柯林斯：你認為這種標準（5 sigma）對重力波的偵測也是OK的嗎？
>
> 馬克思：我不知道——在有重力波信號的樣本並了解統計的顯著性之前，你是不會知道的。相較於大自然所傾訴的，分析會給出關於背景雜訊，以及從訊源所提取精確的資訊。這方面我們還沒有經驗。關於粒子物理中弱交互作用的見解，是奠基在這領域裡許多人多年的經驗與大量的實驗上。

馬克思在這裡的意思是，要知道正確的標準得靠經驗，而現在重力波偵測太少了，以致無法衡量這個統計標準是否幾乎總是可以促成正確的研究結果。

然而，更深層的問題可能在於，前AdLIGO（pre-AdLIGO）時期的重力波偵測物理並不等同於高能物理這樣技術發達的科學。LIGO、Virgo，以及其他類似的儀器，正處於科學生命的開端。施加一個適用於技術發達科學的信心水準標準，可能會扼殺了一個尚未做出首次、試探性發現的科學。高能物理若在初期實行這些標準可能也早就被扼殺了，因此它在剛發展時，也並沒有堅持「高能物理標準」。這點可由富蘭克林的書看出（見《重力的陰影》第五章，頁98），在1970年代之前，高能物理並沒有脫離以3 sigma作為其發現的標準。[11]接下來有一段時期是滿足於4 sigma的標準。此外，即使在聲望隆崇的傳播機構如《物理評論快報》（*physical review letter*），高能物理也認可並出版那些標題為「作為證據」（evidence for），而非「觀察到」（observation of）的論文，且不要求5 sigma的標準——他們接受較低的標準。[12]秋分事件可被視為一個潛在的「作為證據」候選者，即使它永遠不會完全達到那個標準。大致上來說，這是無涉於像「暗示傾向」（indicazioni）的「義大利」風格的「迷思」。[13]

11　富蘭克林（私人通信）發現至少有一個2.3個標準差的結果在早期的論文中被提及。

12　例如富蘭克林曾對我指出，有一篇由阿貝、阿爾伯等人（Abe, Albrow, etal.）在2004年《物理評論通訊》上發表，題為「Evidence for Top Quark Production in p'p Collisions at vs=1.8TeV」，提出2.8 sigma的統計顯著性。使用相同數據的加長版同名論文發表在《物理評論》（*Physical Review*）。

13　秋分事件的2.5 sigma可能還不足以「作為證據」，但重點是這事件從不被視為一種有著驚人成功的全新物理學分支先鋒，使用的卻是遠遠不同於當今高能物理標準的統計技術，這就是重力波偵測！1960年代晚期和1970年代早期，在他成為世界上最有名科學家的那個時代，約瑟夫．韋伯只是報告了事件表列。直到進入1970年代後期，他沒有報告以標準差來衡量的統計顯著性水準，而當時統計水準「隨處可見」。對此明顯的反應為，韋伯就是如何把事情搞砸的經典案例。但是，這或許太膚淺。首先，韋伯的確找到一整個價值十億美元的跨國重力波偵測科學——這是個巨大的成功。第二，針對韋伯技術的主要控訴，不是關於其報告中統計顯著性的絕對水準，而他產生它們的方式。一旦一個人採用了事後的數據分析，他就可以泡製出任何一種水準的統計顯著性——統計的顯著性永遠無法補償系統誤差。如果不是關注於方法的問題，也許當代重力波偵測科學應該會注意到標準的問題，以及獲得巨大成功的先鋒；也許是錯誤的迷思正在散播。當今的重力波偵測是韋伯在1960年代初期的放大版。

有一個對放寬統計標準的相反論點。如第四章一開始所解釋的，科學已經改變了。在很多早期的案例中，如密立根的案例，科學家面臨選擇哪些數據要保留、哪些要丟棄，或即使統計數數字貧弱，提出聲稱仍是比較明智的時候，很多科學家會去引導自己的「直覺」。現今，因為我們正關注的是在觀測科學中越來越邊緣的事件，在判斷這個或那個在統計上不太可能有關聯的事

一個可能的「作為證據」，它從來沒有達到「無法排除」。

件是否標示著同一個真實事件時，除了統計數據，我們沒有什麼可依賴的——沒有，或幾乎沒有任何東西去引導科學的直覺。如果沒有任何東西去引導直覺，數字必須靠自己，要求更高的標準可能是合理的——而且，忘了韋伯在妨礙建立一個領域時所做的吧，對於高標準的要求必須也適用於韋伯。[14]另一方面，由於今日高能物理的標準很可能在未來多年內排除重力波證據，因此，使用統計數據來產生「暗示傾向」及漸進主義，而非二元論取向，這樣的主張可能會更強烈。

可以看出，重力波探測在統計信心方面是否應該把自己看成高能物理，有兩種方式來看這問題。有人會將其分成「統計經驗」的說法，和「新生科學」的說法。統計經驗的說法認為，自第二次世界大戰以來已經收集了大量關於如何做物理的經驗。如果從事一個發現時，統計學是我們的所有工具，那我們現在可以說，低於5 sigma沒有什麼是可靠的——這就是物理學告訴我們的。新生科學的說法認為，這可能是一個寶貴的教訓，但它僅適用於發達的科學，因為它們的標準會扼殺新的科學。我們很難決定這兩種態度，哪個比較適合重力波探測的情況，但我們可以從兩者分別學到些東西。訣竅也許是不要只對其中一個完全買帳，而完

14 韋伯利用這個論點來處理他所報告的虛假結果，那是以他認為的方式運作一個他自己的重力棒，與羅徹斯特的大衛．道格拉斯（David Douglas）偵測器有時間巧合（《重力的陰影》，第十一章）。他發現了一個超過統計顯著性水準超過2.6 sigma的時間巧合。但是，當他發現這些重力棒實際上的時間巧合已經超過了4個小時，他聲稱2.6 sigma在（1970年代中期的）物理標準中並不重要。

全排除另一個。

秋分事件的錘鍊成型

冒著重覆的風險，我們還是值得把重力的幽靈重新描述為，由過去、未來，與現在的壓力錘鍊而成的一錠知識的鑄塊。

過去

從韋伯的第一個宣告，到羅馬集團2002年的論文宣稱已經看見重力波的失敗歷史，形塑了整個事件的意義。這些事件被視為物理學不願重蹈覆轍的恥辱時刻。「重力波偵測是怪胎（flake）*的科學」，這句話合作團隊的許多成員之前已經聽過，而且並不想再聽到一次。

當然，諷刺的是，如果沒有這「片狀」的歷史，就不會有重力波偵測。現在有幾乎沒有人會否認，如果沒有約瑟夫・韋伯的瘋狂事業，就不會有LIGO、GEO，不會有日本的偵測器，不會有澳大利亞投入，也可能不會有Virgo。此外，如果沒有針對相對潛在訊源強度廣為流傳的計算，很可能就沒有LIGO。在有利的條件下，那些訊源落在LIGO靈敏度範圍內的可能性，遠遠超出對內漩雙中子星系統與超新星的初始發現。[15]這些計算很容易

* 譯註：也指薄片。

15 此外，我曾在某些會議上聽過基普・索恩（Kip Thorne）描述LIGO的範圍是

被誤讀為可能即將出現的結果；但檢視附註，並沒有任何承諾，而政治家不讀附註。即使是實驗學家的角色也留下了空間，表達出意想不到的東西必然會出現的想法，因為人們聲稱「LIGO是第一個達到靈敏度水準的偵測器，可以看到重力波」，並且「只要一個具有更高靈敏度的新儀器指向天空時，就會產生驚奇的發現，而現在這個儀器的靈敏度要高出兩個數量級」。

物理學界持續樂觀：重力波偵測科學的樂觀顯現於記錄在干涉儀日誌與圖2（頁51）日常性能範圍的數字上。圖2顯示了一個壞日子下的干涉儀，但在大多數的日子所報告的L1和L2的範圍為約15百萬秒差距。這15百萬秒差距並沒有考慮到逆向的「人工技巧」，那對模糊邊緣的信號是一個沉重的打擊。再說一次，這不在「附註」中，我的每一位受訪者都說，無法**論證**iLIGO和eLIGO在看到事件上有著顯著的期望值。它無法**顯示**伴隨著5 sigma的謹慎和應用於信號的人工技巧，已有效地降低了儀器的範圍，因為範圍從未公開地以精確的方式定義。等待AdLIGO的想法，可以說是與在檔案中所有文件紀錄，相符一致。然而，隨新工具帶來的樂觀之情溢於言表。那可以由拉德博客（Ladbroke）賭注的意外事件定量地加以說明。

能夠看到大規模黑洞二元系統的內漩，而不是更常見的內漩二元中子星（這意味著更短的範圍），但沒有證據表明大型雙黑洞內漩存在，或宇宙已經夠老，老到足以產生它們。（譯註：2015年LIGO首次偵測即是大型雙黑洞內漩，基普．索恩是三位因重力波獲得2017諾貝爾獎的物理學家之一。證明了作者在此的說法並不正確。）

2004年，英國博彩公司拉德博客開了一個賭盤，賭是否會在2010年以前發現重力波。評斷標準是《新科學家》的報告。提供的賠率為500：1（有傳言說，這是一位LIGO的宿敵給拉德博客的建議），但幾個星期內，科學家和那些熟知計畫內情的人熱烈投注，使賠率下降為3：1，而拉德博客關閉了賭盤。[16]由這件事與街坊謠傳可以看出，多數科學家－業內人士都認定了，即將發現信號這個事實，就算是低賠率，也值得下注。

至於對局外人來說，樂觀可能是針對花大錢的科學唯一可以有的動力，因為政治制度的推移比新知識的建立快得多。「給我們幾億，這些是您其他選民的機會成本，在您離開公署很久之後，我們也許可以提供一點知識。」這種說法對準備獻身於知識生產的未來世代科學家有用，但對政客就沒那麼有效了。於是，很諷刺的，未能達成偵測或履行承諾的失敗歷史，可能都是達成重力波偵測成功的條件。[17]

到目前為止一切正常，但在該領域的內部政治中，透過運用失敗歷史，已經放大了重力波偵測歷史遺產的力量。在一般情況下，對不正確或令人難以置信的聲稱是給一句「吃到苦頭了」，然後忽略。然而，在重力波物理中，失敗會更突顯。只要大干涉儀要求的資金比先前的重力棒技術高一百倍，來自靈敏度低許多

16 我相當晚才搶入，花100英鎊，賠率6：1！

17 平區（Pinch 1986）指出，開創性的中微子偵測器建立在高通量可探測中微子的承諾背後。隨著偵測器首次獲得資助然後建成，這些承諾被相繼降級。

的重力棒偵測器就必須被證明其毫無價值。雖然無論如何都不會成功，約瑟夫・韋伯仍強行對抗，他寫信給他的國會代表，堅持干涉儀是浪費納稅人的錢，因為以他的技術只要花一小部分錢就能夠偵測到重力波。約瑟夫・韋伯必須以最明確的方式被打倒，否則LIGO無法擁有正當性。[18]此後，重力棒報告的每個陽性結果都很可能遭受同樣的命運，而這也許可以部分解釋拒斥2002年論文的那股活躍力量。

義正詞嚴地駁斥任何「暗指」(indication)的這段歷史，已經讓重力波偵測畫地自限。這是危險的。要從角落中走出來，就有必要了解這段暫時的結果在歷史中受到蔑視的原因；繼而在一定程度上削減這蔑視。「高度尊重成員們」陳述的觀點可以彰顯走出這角落的道路。請記住，提到羅馬集團2002年論文時，他說：

> 我讀了他們做了什麼。我認為從統計學上來說他們稍微捏造了一些東西……但我並不認為他們說的有那麼糟糕。他們說我們不能排除這是一個重力波。它具有某些最低限度的統計顯著性，我們不能排除它是一個重力波……我認為他們所做的並非不合理。當然，我們將要獲得的第一個證據將是最低限度的證據。它將處於模糊邊緣……

18 這衝突的歷史與其政治化的證據，我在《重力的陰影》第二十一章前後的章節中有描述。

儘管現在沒有人認為2002年的研究結果是正確的，包括它們的發現者，由於這些發現未被隨後的數據加以證實。如果暫定的宣稱受到蔑視，要成為開創性的科學是很困難的。

未來

對未來的影響也就是讓整個領域不願冒險，除了由最長期成員所代表的那個部分。

在2008年9月阿姆斯特丹會議上，有一位年輕但中等地位的科學家針對要確定看到重力波的唯一方式，是有電磁波的對應信號的聲稱，回應如下：

> 光學對應可以說是唯一的出路，但事實並非如此。有第二種出路。第二種出路是說「如果你現在看到的是一個重力波，其實，如果你看一下數字，每年可能不只一次。(這是說)「也許等待」。以及……根據實際的運行時間表，這可能是正確的。如果在我們再度獲得儀器之前，打算關閉五年，那麼我會說你必須以當下所擁有的，並對它善盡其能，此外別無選擇，但只有在你知道何去何從的時候……

言下之意是，如果你知道你有個新的儀器即將上線，應該會看到更多更多這樣的事件，那麼你應該等待它。

此外，據報導，在阿卡迪亞會議的受訪者認為，在更先進的偵測器運轉時，重力波物理學家可以等待高能物理般的數據積累：

> 我們現在正在努力做到這一點，但我們知道，如果我們目前不能做到，那它不只是一個關乎我們等待多久，以及宇宙可不可能產生它的問題。我們預期在合理的時間範圍內對事件發生率進行戲劇性地改善，如果這是正確的，事件發生率應該上升一千倍（他在想的是AdLIGO），它們應該自然而然地從天而降。

同樣地，如上報導，在開啟信封的時候，與會者提出一個問題，表達了相同的情緒：

> 我們是否太偵測導向？換句話說，為什麼我們需要在S5或S6做偵測？倉促什麼？……倉促的科學依據是什麼？

另一位受訪者向我指出，在場的年輕人反正不會因提早發現而獲得諾貝爾獎，他們什麼都得不到，反而擔心公布的過早：如果一個人與不正確的宣稱有牽扯，將不利於獲得終身教職的機會。在該文撰寫的時間（2009），等待的時間幾乎可以肯定不會超過十年。除非某些東西錯得離譜，到那時候AdLIGO會建造完成，而且數據會傾瀉而出，幾乎每天都有一個事件可看。未來，一如既往，有利於年輕人。

在另一方面，老前輩們全都受益於一個提早的宣告，讓他們在老態龍鍾或去世之前，有機會享受或描述重力波的偵測。[19]對於某些老前輩而言，他們也有獲得諾貝爾獎的機會。

現狀

當前的一股力量就是上限的問題。上限是將非發現的線索轉變為故事中寶藏的手段，具有足以發表的重要性。在早期有關上限的發表論文，「過去的說法」是這些儀器僅僅是為了能工作而製作。最近，如上所述，某些上限已獲得一定程度的天體物理學或宇宙的意義。對於宇宙重力輻射的通量背景，LIGO已經能夠設下一個並非完全無趣的界線，有個比較有趣的通量上限是來自蟹狀星雲脈衝星，顯示它不可能非常的不對稱；還有一個讓天文物理學家覺得有趣的上限，是顯示出從仙女座的方向所產生的伽瑪射線暴並非來自銀河系內的內漩中子星系統。但是，大多數的上限宣稱並沒有任何天文物理學的意義。

著名期刊為何要發表這麼多的上限論文，這並不是顯而易見的，特別是一些並沒有蘊含真正令人感興趣的天文物理現象的論文。某些上限基於過去的運轉數據，其間的儀器設備還沒有達到滿載靈敏度，即使正在生產與分析的新數據也是如此。過多的上限論文讓某些科學家感到擔心。在2008年3月的會議上，一個小組提出一個計畫，打算基於S5數據發表十五至二十篇上限論文。一位曾在LIGO待過很長一段時間的科學家評論道：

19 出於分析的目的，我是「老前輩」。

> 在你還沒見過訊源時，你就發表多篇論文，這讓我們有點像是尚未見過蝴蝶的蝴蝶收藏家……我認為我們會失去信譽，如果（我們不能讓每個作為新的上限的案例）比現在好上許多……人們將厭倦審閱我們的東西。

即使是具有天文物理學重要性的事件也沒有受到外人無條件的讚譽，如在BOX 1所顯示的。這段摘文來自「軌道環繞青蛙」（Orbiting frog）的部落格，一個知道美國天文學會（American Astronomical Society, AAS）在2008年6月會議發生什麼事的人。

以我從受訪者那得到的理解，關於上限還有一個更微妙的問題，甚至沒有在揭露上限結果的、更一般性的物理會議中被提

我對重力波的一些牢騷

昨天有一陣子我還以為他們已經宣告LIGO有了首次偵測。不用說，結果並不是這樣。如果真的是這樣，你現在應該極有可能已經從盡責的新聞主播那裡聽說。

這篇造成麻煩的論文，描述AAS對蟹狀星雲脈衝星的一些性質定下了什麼樣的下限（如果想知道的話，可以在這裡讀到*）。在聖路易的AAS會議上宣讀的論文，聽起來好像他們偵測到了。但他們之前沒有，現在也（還）沒有。

——BOX1——

軌道環繞青蛙對上限論文的評論。

* 譯註：網路連結。

出。分析校準的本質（見《重力的陰影》，第二章、第十章）顯示，由於LIGO從來沒有見過重力波，看不到重力波這件事造成了它在實際上無法肯定地設下一個上限；因為有可能在偵測過程有一些錯誤。一位資深受訪者向我指出（2007年12月），這個另類的解釋「不像一個科學家的思考」。

另一位受訪者提出以下更為細緻的分析：

> 你質疑我們校準方法的態度並非完全錯誤，這很大程度上取決於人們會針對任何特定目的，把多少「放入括號中」（bracket out）*。如果我們不認為我們可以利用磁鐵移動鏡子，正確地模擬（基於校準的目的）一個射入的重力波，我們就無法工作下去。但只要我們成功地看到了真正的重力波，我們將宣稱確認了我們所相信的事前校正背後的理論。我想，（……）所說的是，你現在提出這問題是不禮貌／反社會的……。我們總是會在校準時犯錯，但我們在此完全錯誤的可能性很小——小到如果我們沒有用AdLIGO看到東西，也沒有伺機質疑我們實驗中這方面的問題，事情就會變得有趣。

這篇評論包裝著科學知識的社會學：它無關於什麼是邏輯上可能的，它是關於在一個特定的時刻，對什麼發問是「禮貌」

* 譯註：存而不論。

的——也就是說，它是關於什麼被認為是含括在合法性的問題範圍中（within the envelope of legitimate questions）。當第一個受訪者說這樣的思考方式不像是個科學家時，他可能是在委婉地說，我的質問顯示了不完全社會化為屬於這個領域的科學家，在當下應該要有的思考方式。在同樣的意義上，當「義大利人」發表他們2002年的那篇論文時，可能被認為是不知道如何像（干涉儀）科學家一樣地思考。

為了釐清這種情況的邏輯，考慮一下LIGO能夠偵測內漩雙星系統能力的完美校準會是什麼樣子。它可能需要一個人以超光速的方式聯繫一個也許是在處女座星團的超人類個體，還得要求祂創造並設定好一個明確的內漩系統最後一刻的運動，例如恰好是五十光年的距離，同時正好在當地時間五十年前某個特定日期的早上六點。然後就可以在上午六點搜尋其對LIGO的影響。

指出LIGO實際上進行自我校準的方式與這種理想的方式的不同，以及由理想與現實之間的缺口所創造出的潛能，是「不禮貌的」，或顯示了無法像一個科學家般思考。例如，在理想與現實之間的缺口，可以找到關於重力波產生與傳輸理論的爭論，以及它們最終在干涉儀上的可偵測性。這些爭論都沒有浮顯在社群的討論當中——與養成這社群所相應的「互動專業知識」，也就是理解到這些爭論不值得討論——但它們並沒有完全消失；它們剛剛蔓延到這領域的邊緣。例如就在2008年，一篇聲稱LIGO和其他干涉儀是基於有缺陷的重力傳遞理論在物理電子論文預印本服務器arXiv上發布，這篇論文是立基於先前長期的工作，儘管社群內對那工作的討論已經終止。[20]要在理想與現實間的邏輯空間中存活，這些說法無須要是正確的。就我們對所發生之事的理解，重力波的生成和偵測之間的可能缺口不會被校準彌合，它只是假設被彌合了。如我的第二位受訪者指出，這種差距是公認的，以他們的運作的方式會說，一旦重力波被發現，理論就會被驗證。在這一點上，理論將不單單被視為理所當然；它將被視為已確認，並配得上勝利凱旋。

一旦我們接受了產生和傳輸的理論假設是正確的，就可以看出理想校準和真正執行的校準之間的第二類缺口。一個重力波在遭遇到干涉儀的情況下，是以一個時空漣漪的形式，在某個方向壓縮，在另一個方向伸展，然後循環反覆。但一個時空的漣漪是作用在整個地球，還有干涉儀的每一個部分，不僅僅包括反射鏡，還有鏡座，它同時影響到每一個部分。因此多年來，關於重力波原則上是否可以偵測是有爭議的，因為就像人們可能會說的，使用於測量偵測器元件距離變化的尺標，也會受到如同儀器本身所受到一樣程度的影響。[21]現在的理論向我們保證重力波偵測器可以運作，儘管對它們的爭論一直持續到1990年代似乎仍

20 感謝丹・肯內非（Dan Kennefick）讓我注意到這些材料：Fred1. Cooper¬stock,「Energy Localization in General Relativity: A New Hypothesis」Foundations of Physics22（1992）:1011-24；Luis Bel,「Static Elastic Deformation sin General Relativity」。電子預印本gr-qc/9609045（1996）來自檔案伺服器http://xxx.lanl.gov；R. Aldrovandi, J. G. Pereira, Roldaocia Rocha, and H. K. Vu,「Nonlinear Gravitational-Waves: Their Form and Effects」arXiv: 0809.291lv1（2008）。

21 關於這些爭論的討論，見肯內非（Kennefick 2007）。

未落幕，然後只因約瑟夫・韋伯實際建立了一個偵測器，人們開始爭論他是否見過任何東西，而不是他是否原則上能看到任何東西。

人們之所以會認為干涉儀能夠偵測重力波是基於一個理論，它把固體元件的移動——懸吊鏡片，關連到它們之間來回反射的光的效應。這不是一個簡單的理論。干涉儀科學家可能無法想像這理論會是錯的，但校準並不能證明這個理論是正確的。當重力波衝擊干涉儀，我們讀取到的信號其實是一種力量，是重力波嘗試移動鏡子，而鏡子為了維持靜止所需的力量。至於測試合作團隊是否具有偵測真實重力波能力而注入的能量，是經由把一個信號導入一個線圈施壓於磁鐵，其僅固定於其中一臂的其中一個反射鏡上，而且，由於鏡片對不同頻率的波會有理論導出的差異反應，於是有不少計算投入於決定信號應該長什麼樣。沒有理由認為這不會模擬出重力波在光臂上的作用，而且再一次的，幾乎無法想像它不會如此。但當偵測到重力波的時候，所有這些推論都會是正確的，還是會視為一種勝利，因為校準不對它們進行測試，它只會假設它們。[22]在這個章節中我是不禮貌的；在最先進的技術談論這些事情是不禮貌的——它是一個社會化不完備的標

22 在合作團隊中，術語「校準」用於稍微不同的東西——更簡單地校準干涉儀的各個單獨部件。透過匯整所有這些單獨測試的結果，可以建立干涉儀的範圍，如圖 2（頁 51）所示。而我所指的是校準，校準工作的成員會稱之為「硬體植入」（感謝麥克・蘭德里〔Mike Landry〕幫助我釐清）。我對「校準」的使用符合更「哲學」的含意。

誌，如同宴會上的行為不端。

事實上，如果稍微在社群之外進行進一步觀察，就可以發現其他人提出的問題。他們似乎是物理學家，但未受過重力波偵測的禮儀教養訓練。在物理學部落格所找到的，針對蟹狀星雲脈衝星降速能量上限的宣稱，顯示在BOX 2中的評論。

這些擔憂往往會漂浮在社群的邊緣，不再進入它的核心，是真正的社會學重點。那些在90年代初相當活躍，來自天文學界的嚴厲批評者已經倒下，他們試圖阻止LIGO受到資助。[23]現在，批評者已經在資助LIGO的戰鬥中失敗，他們無法經由貶抑LIGO的成就而有所獲得。沒有人運用「校準批評」的潛力，顯示出LIGO是如何成功地建立了信譽。

這種信譽的成就意味著，上限可以在不用擔心校準問題的情況下被宣告與發表。但有一個缺點。這意味著合作團隊中年輕的一輩可以把事業建立在發表無風險的上限，而不用擔心有風險的正面發現。老前輩們中沒有這一回事，但諷刺的是，正是LIGO的成功——在社群中的信譽與合法性——是一股間接力量把像秋分事件這樣的事推向保守的詮釋，那是一股當巨型LIGO逐漸逼近時，也就是垂死的重力棒在1990年代與2000年代初期，所經歷到的完全相反的力量。[24]人們只會納悶如果即將出現的AdLIGO

23 見《重力的陰影》第二十七章。

24 當記者將上限結果報導為陽性發現時，可以產生更多的虛假信譽。以下來自記者部落格的標題，其將結果誇飾為蟹狀星雲脈衝星正在發射引力波的肯定敘述：

吉米・包（Jimmy boo）2008年6月6日@ 05:06AM

這可能是測試重力波假設的好機會。如果有個方法設計（也許透過尋找無線電脈衝的不規則與進動）來決定脈衝星的型狀，預期中由此發出的重力波輻射可能可以計算出來。如果質量分布足夠地非球型，而預期的輻射超過LIGO的偵測限制，它將提供一個強烈的暗示：(1) LIGO有問題（以及更有趣的）(2) 我們所憑藉依賴／相信的重力波的存在，可能不太對……

（http://episteme.arstechnica.com/eve/personal?x_myspace_page=profile&u=8530045777 31）

由 ***Iztaru*** 張貼 06/02/08 15:23

評等：5，評價數：2

他們說沒有重力波，給了脈衝星的結構一些線索。這是假設重力波存在，而脈衝星沒有產生它們。

在有人真正偵測到一個重力波之前，他們對脈衝星結構的分析是空話。

我記得前一陣子，因為他們很興奮，由於沒有偵測到伴隨著鄰近銀河系的伽瑪射線暴而來的重力波，因為那排除了幾個有關爆發源的可能想定狀況。但，再一次，它是假設重力波存在。

有沒有人分析這些想像的狀況，但假設重力波不存在？在一個真正重力波能被偵測到之前，這是一定要的。

（http://www.physorg.com/news131629044.html）

——BOX2——

來自物理學部落格的兩個例子。

蟹狀星雲脈衝星通過重力波洩漏能量

高達4%的輻射能量轉換為重力波（http://news.softpedia.com/news/Crab-Nebula-Pulsar-Leaks-Energy-Through-Gravitational-Waves-87171.shtml）。

技術屬於對手的團隊，LIGO和Virgo的數據分析會有什麼感覺。

另一股來自當前的力量之前已經討論過。它是科學家們的同僚團隊，在物理和天文學相關領域工作，具有正統的科學模型，且（或）在建制化、技術發達的領域中工作。發現的二元模式、5 sigma的勢在必行，也是經由許多合作團隊成員最近在高能物理——典範的大科學引入的經驗。如果新生科學的說法有一定的道理，統計經驗的說法就不會讓這領域毫無異議，可能最好把LIGO視為穿著大科學外衣的小科學。在約瑟夫·韋伯，甚至低溫重力棒的時代，重力波偵測是個小科學。要建造LIGO和其他干涉儀，需要大科學的政治、經濟和組織技巧。但現在，干涉儀正在收集它們的首次數據，實際上它可能已經再次成為小科學。大科學的特徵是增進大約一個數量級的靈敏度，由建立在前個世代過往的成功中所發現的預測所認可。雖然總有意外，但還是有一些前進的秩序。但對於建立在地面的重力波偵測，沒有任何過往成功的經驗，並且在偵測器的靈敏度增加幅度已經是兩個或三個數量級。這種程度的不受過去牽絆，沒有過往的成功作為生存依靠的風險，一般來說是小科學所獨有。要建立一個科學，需要結果，而如果每一項都必須完美，科學的新枝也許在它茁壯突破競爭對手的遮蔽，受到陽光全面的照耀前，就會枯萎死亡。恐怕必須說（Horribile dictu），對「雖大實小」（big-but-really-small）的重力波科學而言，最好像「義大利人」般地行動——至少在某些方面。這些方面包括：認可「證據集體主義」，而不是「證據個人主義」——把初步發現揭露給更廣大的科學界，而不是對每個分歧和不確定閉門造車。請記住，在阿卡迪亞的秋分事件討論中，我們聽到了以下內容：

> ……在大多數的情況下，我們幾乎肯定會遇到一種情況下，就是我們不會有那種信心，而那是我們之中某些人想要有的，而且我認為我們必須去習慣一種想法，我們可能必須，以一個群體，說我們已經看到某些東西，並為此將自己賭上。
>
> 我認為，我們必須決定，我們是否願意忍受只是為了保守，有可能沒有看到真正存在的東西。

本書主要部分的結論

這秋分事件是一個人工假象，它使得科學家的分析方式有了一些改變。一些分析師猜想它是什麼，同時少放些精力試圖證明它是否為雜訊，而是完成其他可能的嘗試。事實上，整個盲植演習說明了「社會工程」的困難：這努力原本應當改變科學家的心態，從拒絕潛在的發現到擁抱它們，卻對某些人產生反效果，並讓其中一些人有了困惑。但總體而言，演習似乎是一個科學的成功，因為從中學到如此多的東西，如下面附言所示。

以社會學而言，盲植是一個巨大的成功。重力幽靈幾乎如同一個真正的臨界模糊事件，揭露了打算在「精確科學」中發現某些東西的真正意義，以及環繞在過程周圍的張力與判斷，即使在物理學這樣深奧領域。在此，它延續了科學社會學第二波的工作，繼續把它運用在重力波的偵測上，《重力的陰影》中許多部分可為例證。在這種特殊情況下，某些新東西已經完成。對原初發現過程的觀察，已使得探索數據統計分析的日常意義成為可能，達到就我所知從未有過的深度。[25]這種基於統計的發現並沒有遺漏任何什麼，除了那些可能伴隨著全面性宣稱而來的更多棘手問題，當然還有在被更廣泛的科學界所接受的過程。統計分析已經以一種非常具體的方式，證明其為一個社會過程。其中大部分內容在本章的第一部分進行了總結，該部分是根據「層層剝離」的原則組織架構而來。

發現和統計分析作為一個社會過程是可能的，在本章的第二部分使用一錠鑄塊的比喻，認為社會與認知的力量在事件的意義上鑄刻。自始至終，基本觀念就是可以經由成員們把什麼當成是嚴肅的事來談論，以及什麼是他們不曾有意識地思考就加以拒斥的事，揭露出一個社會群體中正在發生的事情。因此，就可能看到類似「校準問題」在科學核心內的爭論不再有地位，雖然它在邏輯上仍然存在，也可以發現在社會化不良的人們之間仍被加以討論，例如那些在領域邊緣游離的人（與那些假扮社會化不良的角色——即我自己）。我試圖展示，什麼是被認真考慮的，以及什麼是有意義的，是如何是受四面八方推拉的影響。有時，這些

25 這並不是說沒有統計社會學：例如參見麥肯齊（Mackenzie 1981），其中分析了相干係數的社會根源及其在種族問題上的基礎。

力量將幾乎觸手可及。歷史的力量是在這領域的一個範例，並且已經看到它的威力是如何透過神話的傳述加以維持——關於歷史事件的故事被用來體現重要的經驗教訓。

最後一節也討論了不那麼強大的影響。包括規避做出即時發現需求的「逃脫路線」的存在，像是上限的論文發表，以及期待更強大偵測器的到來。很難說這些不太強的影響力有多強，或是它們造成多大的不同，但重點是，仔細檢視數據分析的過程，揭示了它們如何能產生影響。該分析顯示了所有這樣的效果是如何經由該領域的話語所媒介。這些話語中有幾個片段甚至暗示，這些因素正在發揮作用。

然而，這本書超越了第二波，因為它試探性地探討了反思性的社會學立場也許有助於話語的可能性，同時記錄它。有人提出，站在遠處的位置來看，在重力波偵測作為一種先鋒科學，和重力波探測作為一項大型建置完善的科學之間，存在著張力。懷著戒慎恐懼的態度澄清這一問題，可能有助於解決統計分析中的一些緊張局勢，例如雖希望達到5 sigma的評斷標準，然而以當前偵測器卻無法做到這一點。[26]

本書的下一章節將會突然拉開與這領域的距離——套用宇宙學中的隱喻就是將會發生一種「社會學膨脹」。這就是為什麼沒

26　富蘭克林指出，這裡描述的一些過程和問題確實在高能物理學中有先例。富蘭克林正在準備一篇論文，他客氣地並非正式將這篇論文稱為本書的「腳註」，它將展示近期高能物理學史中類似的問題。該論文還將說明在這些案例中如何辯論和解決問題。

有第八章，而是我稱之為「跋」的原因。根據《錢伯斯字典》，「跋」是一首詩或一本書的結尾部分；作者的最後一句話，特別是一小節詩，將以總結某種古韻文寫就。

跋
21 世紀的科學
Envoi: Science in the Twenty-first Century

本書處理的問題是重力波初期事件的偵測，或許這並非是它的未來。也許天文物理會有個大驚奇，或是有如轟天一擊般的幸運時刻來到。一個巨大而又近距離的事件，或許可以透過電磁或其他效應的各種不同方式被看到。這樣一個事件的偵測，將使得科學由一個僅僅是偵測上限的提供者，變成幾乎是毫無爭議的事實製造者，沒有「暗示」的灰色地帶。

以社會學的觀點，如果干涉儀有一個科學幸運降臨時刻，得以突然終結延續近五十年的爭論與不確定性，這是相當可惜的。比起戲劇性的發現，有關邊緣事件的兩難，與逐漸從不相信到相信的漸進相變（gradual phase-transition），有更多東西值得以社會學的方式學習。在這些論證還沒被此類強而有力的事件壓倒前，這是現在寫這本書的理由之一。論證將會撐過像這類可能發生的事件的挑戰，但是重力波物理學將不再是它們的完美典範。秋分事件的困擾也會很快地被人們所遺忘。總而言之，不確定的科學最適用於說明知識社會學。然而，還有一個更大的問題。主題將從重力波偵測轉移到，尤其是科學整體，以及它在社會生活中的角色。在這裡，重力波僅僅只是一個範例，而非中心主題。

科學作為社會的倒影

科學不再擁有它在贏得戰爭時那種不容質疑的權威，以及恣意無度的授予權力。如今，它飽受來自學院對其認識論根基的圍攻，來自宗教的強烈反彈，來自自由市場意識形態對其專業主義的攻擊，以及認為無科技的簡單生活才是人類救贖唯一途徑那些人的鄙視。這些對專家（expert）與專業（expertise）的攻擊，是伴隨著所謂後現代主義的學院運動而來。實際上，這與始於瑪格麗特・柴契爾與隆那・雷根對專業（professions）的攻擊進行的是同樣的工作，而且其對專家的看法，與宗教的基本教義派相同。學院運動把專業知識視為缺少認識論上的保證。政治運動認為專業意見應該被準市場（quasi-market）取代；在準市場裡，各方面的表現都可以度量與比較，也可由此被適當地估價。基本教義派則認為專業知識在面對天啟時，毫無價值。這個畸形詭異的巨鉗正從三方面擠壓著科學。

但，科學值得保存嗎？什麼是科學？如今，科學有時候顯得不再保有任何獨特的自我認同。今日的科學就像個青少年，不斷地借用別人的文化劇目（culture repertoires）來獲取重視。我們有好萊塢科學（science-as-Hollywood）與其超級巨星，仗著媒體工業和新型態的科普出版為其虛榮撐腰。我們有如同宗教一般的科學，史蒂芬・霍金與查爾斯・達爾文為其魁儡。霍金賣出了上百萬本完全難以理解的文本，一般人對這些文本的崇敬和過去對聖經沒什麼兩樣。與此同時，媒體把霍金與他神祕的說話方式視為天啟，另外也有物理學家看到，或據說看到，天空中的「神之容顏」。理查．道金斯與其同儕用達爾文的福音攻擊組織性的宗教，其有借自宗教的修辭、封聖與聖像。也有作為市場上浮誇玩家的科學，從矽谷到新生物學的掠奪資本主義創投，以及它的暴發戶。如果這是21世紀的科學，那也沒什麼好學習與保存的，至少在價值方面。就文化價值而言，這種科學全都是倒影，沒有任何實質。這樣的科學不能被宣稱為超越價值的來源，因為其中根本沒有任何超越可言。如此下來，即使沒有巨鉗，科學也將如一個文化運動一般將自己勒斃。[1]

如此的發展當然會受到十分巨大的壓力。經濟壓力導致政府要求科學的公共資助者提供可見的短期經濟回收。大科學必須在政治的競技場中為資金而競爭，在那裡宣傳是宰制的力量。花費鉅資的天文學與粒子物理需要頭版新聞，如此方能將其與我們的起源與終極命運故事聯繫起來——這在以前是宗教儀式。個別的科學家則找到一個沆瀣一氣的方便理由，因為要生存就得施展魅力。[2]

也許這是科學的命運——成為服務於經濟和娛樂工業的世俗

1　對於當代資本主義連結科學（capitalism-linked science）的另類視角，參見謝平（Shapin 2008）。謝平並沒有區分衍生價值和本質價值，且似乎平靜地對待科學－資本主義連結，其雖然對種族問題視而不見，卻對在地出生的年輕、體格好和有競爭力的人，給出具有差異性的有利待遇。

2　丹．格林伯格（Dan Greenberg）對科學家的政治行動進行了許多年的精彩的記錄（Greenberg 2001）。

宗教。但是科學，至少由重力波偵測故事所例證的，不僅僅是追隨，而是具有引領的潛力。它擁有在充滿科技困境的社會中提供如何產生良好判斷的殷鑑。三百多年來的老式科學價值就像我們所呼吸的空氣，已經滲透到西方社會當中。想像一個科學文化權威毫無立錐之地的社會。它把所有的責任都歸降給政治、市場力量，或競爭中的天啟模式。它會是個反烏托邦——至少就一個喜愛理性多過力量的人看來。這並不是說科學是唯一的文化建制，沒有它就將導致反烏托邦。但對我們大多數人樂於生活在其中的社會而言，它是核心。

科學的核心價值作為文化建制

我們難以將科學的特殊價值一一表列，因為它是一種僅由其不同部分中的「家族相似性」（family resemblance）模糊定義的活動。[3]我們或許可以透過想像移除其中不同的元素，看看是否仍足以稱為科學，來獲得一些進展。所以，拿掉看見神之容顏的能力，還是可以留下被認為科學的東西；拿掉沒人看得懂的暢銷書，也

3 哲學家維根斯坦（Ludwig Wittgenstein）引入了「家族相似性」一詞，他認為「遊戲」的概念沒有一套明確的定義原則，但遊戲是通過家族相似性聯繫起來的——這可以被認為是一組重疊的集合，每個包含遊戲般特質的次集合，但其極端處需要很少、或甚至沒有共同點；畢竟，從專業足球到不踩人行道裂縫，都是遊戲。（是否存在「很少」或「沒有」共同點並不是那麼地明確；在此，我試圖找出所有、或幾乎所有科學都有的共同點。）

還是可以有科學；拿掉對抗信仰的宗教戰爭，依然有科學；拿掉創投資本家，依然有科學；拿掉頭條新聞故事與超級巨星，依然有科學。這些作為文化建置的科學面貌僅僅只是「衍生的」。

另一方面，我們不能拿走在研究中對證據的誠信與宣告結果時的誠實，而依然有科學；不能拿走願意傾聽某人的科學理論與發現，不論其種族、信仰，或社交怪癖，而依然有科學；不能拿走隨時準備好向對手展示其發現並與之辯論的意願，而依然有科學；不能拿走最好的理論仍能夠被指出其錯誤的觀點，而依然有科學；不能拿走獨排眾議的孤獨發聲，而依然有科學；不能拿走要求高階優秀實驗與理論技術的觀念，而依然有科學；不能拿走，有一群人會因為其經驗，比其他人更善於生產與批評科學知識的觀念，而依然有科學。這些科學的面貌不是衍生的，是「本質的」。[4]

依序有三個資格條件。首先，並非每個價值都是科學所獨有。例如，大部分的宗教建制，除了與奇蹟、幻象與犯罪有關之外的每一個專業建制，以及整個社會，如果想要長久存在，都必須珍視誠實。但比起其他的，誠實似乎更邏輯性地融入科學當中。其他地方的誠實必然是處於默認且一般的位置，在科學之中，它似乎總是至關重要，或沒有它科學根本就無法進行下去的

4　本質／衍生的區別，完全不同於科學和技術研究領域中流行對待科學的「馬基維利的」（Machiavellian）方法，科學和技術研究領域所有的重點都放在對遭遇到的科學詳細觀察，把科學成功的成就，基本上看成一個政治過程。

程度。因此，科學為誠實與誠信的價值提供了一種「錨定」。

第二，並不是每一個表列於「本質的」範疇中的價值都是在同樣核心的位置。對於物種演化史的理論是否滿足可否證性（falsifiability）的信條，仍有爭議。但就算是否定的，我們也知道經由實驗室中對該機制小規模的演示，已經強化整個理論，而那是滿足該信條的。因此，整個科學的確需要可否證性的價值，即使到處都有違逆。

第三是將第二個資格條件加以推廣，除了誠實與誠信，在一個或多個價值遭到違逆的狀況下，一個人依然可以通過科學研究取得有價值的發現。[5]相對於一般認知，這個價值清單並不包含一組產生優良科學工作的必要**條件**。[6]相反的，整個科學「建制」是由這些價值所形成，由此，日常「生命樣態的」（form-of-life）科學，是由這些價值導引下的科學家的「型塑意向」（formative intention）所驅動的作為而建立起來。家族相似性的觀念彰顯出，為何可以將這樣的一組價值放在一起，形成一個文化建制，而不需要無時無刻地在其相應的活動中被宣告。[7]

基於這些資格條件，可以說科學的本質價值遠比其實質的產出與發現更重要。這些科學的本質價值的確值得保存，如此它們

5 正如科學研究第二波已經清楚展示的那樣。

6 可以說，莫頓（Merton 1942）的「科學規範」（norms of science）與這裡所列出的價值重疊，最初被證明是科學有效運作的一系列條件。

7 某些批判科學方法的持續錯誤之一，就是認為新發現偏離科學的中心價值——這很容易做到——表明了其沒有中心價值。

便能持續滲透到整個社會，幫助形塑我們的生活方式。這就是為什麼必須要抵抗巨鉗，即便是短期內維持科學實質內容與發現持續生產的條件，似乎是有賴於這些衍生價值。一個人必須視其為所當為，並選擇中心價值，此外別無他途；如果一個人無法看到這些價值在其中的良善而傾向選擇它們，論述就將中止，力量將戰勝。[8]就我所能觀察到的，在重力波偵測科學的心臟地帶相當接近地例證了這些價值。

另一個不能在拿走後而依然保有科學的，也就是科學的另一個本質價值，是發現的可複製性這個觀念；可複製性是推論自一個觀念：總有事物可以穩定地加以檢視。當觀察到一個獨特的事件，或是儀器裝置十分昂貴只能建造一個時，常常無法在實踐中實現複製，但可複製性的觀念仍然諭知了正在進行中的事。因而，如果是只會出現一次的獨特觀察，其複製的觀念就是任何一個曾看到它的人，都會看到相同的東西。如果是只有一套的儀器設備，其複製的觀念就是另一個類似的儀器設備將會得到相同的發現，或任何一個知道如何操作機器的人，都會發現相同的東西。[9]堅持一個價值，並非總是意味著必須即刻將這個價值實例化，而是意味著對這價值保有一個想望，即使環境不允許它被實現。

8　選擇將科學本質價值（不是發現）作為社會生活的核心，可以稱之為「選擇性現代主義」，參見柯林斯（Collins 2009）。

9　正如人們所言，可複製性是一種「哲學」觀念。要了解它在實踐上運作的方式，請參閱柯林斯（Collins〔1985〕1992）。

含括了可複製性，科學本質價值另一個邏輯上必然會有的結論是，一個確保的宣稱不能建立在個人權威，或其他獨特的來源之上。神聖的男人或女人無法藉由他們與神靈的獨特關係「揭示」真理。如果這關係是獨特的，它就無法被複製（即使是原則上也不行）與批判，所以它不屬於科學。對於來源不明或作者不明的書也一樣。這種書裡所記載的不能憑藉其有某些特殊物件，來建立科學的威信：它的內容必須可以接受公眾的批評與檢視。這些原則排除了將創造論視為科學的一部分，因為創造的故事過度依賴一本來源不明的書與其詮釋者。這些原則也排除了比較技術性的創造論，比如「智慧設計」（intelligent design），因為它過於依賴來源不明書中的觀念，也因為它原則上無法構想任何可否證的觀察或實驗——也就是一個人將可以說，任何尚無法解釋的事物狀態都不能被當成是智慧創造者的作品。

隨著這個原則而來的另一件事是，科學作品應該盡可能清楚明瞭，避免解構性的簡化。越簡單的解釋越好，越容易批判；讓作品超乎必要的晦澀，實際上是讓它更私密，而私密性是與評論自由不相容的。值得注意的是，在有價值的文化建制光譜的另一端，創造性作品對競爭的詮釋以及其消費者之間的爭辯開放，是藝術的本質特徵。[10]

10 該論點在柯林斯與伊凡斯（Collins and Evans 2007）的第五章有詳細地闡述，標題為「合法詮釋軌跡」（Locus of Legitimate Interpretation，LLI）。如果合法詮釋軌跡被迫病態地接近藝術和人文學科的生產者，那就是「科學主義」。如果在科學和技術上被迫病態地接近消費者，那就是「藝術主義」。

這個原則也指出為何模仿非科學文化的主要特徵是與科學對立——手段破壞了目的。如果數百萬人被鼓勵將自己完全無法理解，以致沒有能力批判的書視為珍寶，只因其科學內容，那他們就是被鼓勵將科學價值，視為奠基於作者或文本權威的宗教價值。所有科學與科學家的「魅力化」（glamorization）也是如此。一旦成為重點的是人，而非觀念或發現，那麼科學觀念就被顛覆了。把科學的優點宣傳為其商業潛力也是如此。科學價值的平衡並不等同於商業價值的平衡。科學可能真的產生比其花費更多的經濟價值，但是科學值得加以保存主要因其經濟上的價值，卻是不正確的。

科學作為一個判斷之殷鑑

與某些評論者所宣稱的相反，數量的精確是另一個可以從科學中拿掉而不會摧毀科學的東西。精確的數量分析對科學至關重要這個觀念被如此地廣為散布是相當令人遺憾的一件事，因為它造成了相當大的的危害。例如，一個社會科學的發現幾乎沒有機會影響政府政策，除非它以數量的方式表示，然而很多量化的社會科學結果要不是根本就錯了，要不就是毫無重要性可言。在社會科學中，質性的發現往往比量化的發現更為堅實並可重複，也常常更具有社會的重要性，讓政策制定者微步向前。如同第五章所見，即使是在物理科學中，以統計術語表示的結果僅僅是隱藏的判斷、假設與選擇的冰山一角，但對消費而非產生它們的人來說，這些數字依然有著與其真實意義不成比例的力量。

確定性、伴隨著二元論的發現模型與諾貝爾獎，是另一個可以拿掉而依然保有科學的完整的東西。的確，有人會說確定性是天啟的領域而非科學，我也聽過一位諾貝爾獎潛在得主說，對得獎的貪婪扭曲且傷害了科學。甚至像波普爾這樣一位科學哲學家也會指出所有的科學宣稱本質上都是暫時的。

有關確定性虛幻的誘惑，在前言中已指出一個較淺白但更重要的觀點：大部分的科學被應用於如此混雜的範域，因此一個好的判斷而非明確的計算，很明顯地是所能有的最好的做法。如果確定性與精確的數量是科學的關鍵，那麼科學將侷限於一個由牛頓、愛因斯坦與量子理論等等為出發點所描繪出，所謂「精確科學」(exact science) 的角落。但是有一個更廣闊的「不精確的科學」(inexact science) 的範域，其對我們的生活有更立即的衝擊。社會須藉此範域為決斷與立命之殷鑑。

當然，重力波偵測自然是符合「精確科學」的領域；它的先行者是牛頓與愛因斯坦，同時，以其在科學光譜的位置而言，高能物理之類的是它的「參考社群」(reference group)。我懷疑，當地面重力波偵測的宣告一旦確認，科學家不可能抵抗將其領域回溯重述為英雄式的發現關鍵點 (point-discovery)。我也懷疑他們無法抵抗以文化衍生的方式對事業王國的頌揚。在這一點上就如我所說的，「跛者」(也就是，漸進主義與發現的不確定描述) 將受到鐵蹄蹂躪；據說，「天堂的鼓音」已經響起，「愛因斯坦未完成的交響曲」也將完成。[11]也許對眾多執行實際工作奉獻終生的物理學家更重要的是有權利驕傲地面對來自其他精確科學的批判；使得重力波偵測與其匹敵的科學之間諸多的新達成的相似性是無法抗拒的。

但是我們在此以及之前關於科學的詳細分析工作所看到的是，當置於顯微鏡下檢視，精確科學是不精確的。由此得知，當科學是真正的尖端研究，即使是隱喻上的「裸視」，這不精確的面貌依舊是可視的。對秋分事件的分析，雖然它是人造的，但就科學的程序來說，它是一個真正的先端研究的契機。就像我們所看到的，判斷一個接著一個產生。的確，就如《重力的陰影》一書所揭示，一整個跨世代的重力波偵測歷史就是由一個接著一個的判斷所組成。

我要提議重力波偵測科學的神話式英雄應該不是愛因斯坦，而是伽利略。愛因斯坦也許提出了重力波的想法，但伽利略是將科學呈現為一個社會理解的領導者；在伽利略的例子，就是地心說（geocentric universe）的終結。就如我所提出的，在重力波偵測科學的心臟地帶所面臨的本質科學價值，就是作為引領社會無庸證明的優良模範。我所提出的是，**不精確**的重力波偵測科學（並非勝利凱旋與幾乎必然降臨的精確科學）是一個判斷的優秀模範，

11　在此向大衛・布萊爾致歉，他關於重力偵檢測的手稿（據我所知未發表）是第一把交椅，並向瑪西亞・巴圖西亞克（Marcia Bartusiak）致歉，他對該領域的極佳且受歡迎的介紹隨之在後。

只要科技與社會以不精確的方式相交。

要從中習得如何立命於科技生活的科學是困難的，令人沮喪的科學充滿謬誤判斷，雖然那就是可以得到的最佳判斷。除非大幸，首次的重力波顯示將為「在統計上，樣子有些可笑的一個短響，其可能意涵的最佳猜測」。展示如何盡其所能地理解這個世界以及它是為何，就是科學必須提供給社會至關重要的事。它是科學所獨享的，那使得它得以引領，而非是某種衍生物或倒影。

前面引述了一位LIGO資深科學家說，在尋找重力波中僅提出漸進與暫定的結果將「規避了作為一個科學家的責任」，正反應了2009年初在合作團隊成員中廣為散布的觀點。而就這裡所提出的社會與政治觀點來看，情況正好相反。科學家的責任在於做出最佳可能的技術判斷，而不是揭示真理。把每一個判斷皆以計算的確定性加以呈現，就是要免除社會的責任。成為一個確定性的生產者，頂多是將自身委身於無可解釋的科學——一個科學世界的角落，其已經宰制且扭曲了西方思想，並宣稱是一個完美的，更糟的是，可達成的生產知識的模態。過於力求確定性是要免除擔任西方社會領導的角色，這角色只有科學作為一個文化活動可以承擔。

如果科學不能應用於我們所面對的不確定的世界，尋找解答的角色將流於民粹主義、基本教義派、暴力，或與之同等的事物，也就是市場（market）。如果我們想要維持我們身處其中的社會，最好繼續將判斷中的技術元素奠基於技術經驗。經由證明科學價值與不確定下的判斷，重力波物理可能是在21世紀的政治與社會生活中，依然擔任更重要角色的科學之一。

本書最後章節所採取一個堅定的社會學觀點——或許是一個不適切社會化的行規違逆。其中一個詭異的意涵是，越多不正確的結果公諸於世越好，只要它們是展現出向更好的理解與更好的判斷緩步前進的過程。因而，所有在《重力的陰影》一書中描述的被駁斥的謬誤或片面的宣稱，較之發現關鍵點與將降臨的重力天文學，可能在社會的角度上更有價值。麻煩的是，物理學家因這些謬誤的結果感到羞愧。但為什麼他們必須如此？他們都是燃燒熱情投入工作的物理學家。這羞愧感的來源可能並非失望的大眾，而是在資源爭奪戰中親密的對手——在爭取財務資助的企圖中，一組物理學家會咒罵另一組。這樣的競爭並非科學的本質價值，科學家也許會把事情弄錯，科學也一定會繼續向前行。在 21 世紀的科學，比真理更重要的是展現了一個具有誠信專家，當他們有所不知時，如何下判斷，這也是它對社會的指引。

後記
阿卡迪亞會議的反思

Postscript: Thinking after Arcadia

日期在同期工作中很重要。本書的初稿是在大約五週內寫成的。從2009年3月19日在洛杉磯機場開始落筆，完稿後再經過一週左右的潤飾，5月12日，我將這份手稿的祕密副本寄給重力波物理學家的朋友彼得·索爾森，請他評論。[1]從那時起，這份手稿經過了不斷的修飾，部分是為了回應致謝中提到的那些言論，而跋則有了自己的生命。但一直到第七章為止，這裡所呈現的內容與2009年4到5月間完成的草稿相當接近。這些章節呈現了我盡可能地記錄的，物理學家的思維方式與言談，從秋分事件的首次暗示，到2009年3月中旬的阿卡迪亞會議結束。

之後的事情進展地相當快速，這篇後記就是試圖捕捉在接下來的幾個月中，盲植經驗是如何的對事物造成影響。有兩次大型的會議，一次在奧塞，一次在布達佩斯，分別舉行在6月和9月。我沒有參加這些會議，而是透過其他方式存取到它們的資訊：我現在是LIGO科學合作團隊的「榮譽」成員，而且有了密碼，只

1　當然，五週的寫作是奠基於近四十年來積累的知識和經驗，一些關於統計學的先前存在的論文，特別是涉及盲植的數百頁筆記。

要是社群成員放在網路上的內容，我幾乎可以全部存取；我能查看會議上提交的簡報，並閱讀他們為了回應而往來的電子郵件；我還能透過電話連線參與布達佩斯的討論，以及聽取同事們報告的其他正在進行中的事情。

值得一提的是，內漩小組同意他們必須找到一種更快的方法，並儘快對數據進行所有檢查。再一次，他們的回應沒有太多社會學的重要性。具有更大潛在社會學重要性的是對秋分事件的反應。那些希望能夠單獨從統計可能性中偵測出一個重力波爆發的人所面臨的任務——沒有令人安心的光學相關效應或明確定義的內漩波形的保證——正被重新評估。特別是，現在有些人建議，事件如果有必要的話，可以在「觀察到」的宣稱之前出現，容許「作為證據」具有低得多的統計顯著性。可以在期刊上呈現的主張變得沒那麼二元化，更「義大利人」。儘管如此，Virgo和LIGO團隊之間的分歧，如果有的話，變得更加尖銳，Virgo的人整體上都更加強硬。但是，即使是一位之前一直有著保守信念的團隊成員，也在兩次會議上都展示了帶有以下情緒的投影片：

> **如果我們必須在沒有任何對應信號的情況下處理單一候選者，該怎麼辦？**
>
> 似乎很難達到「發現」的評斷標準。
>
> 「證據」的評斷標準並非遙不可及。
>
> 我們的第一個偵測論文的標題可能是「作為證據……」。
>
> 然後是「強有力的證據……」之類的。因為我們能夠增加

候選者的統計顯著性。
首次證據與清晰且令人信服的偵測之間可能性的連續。
第一篇論文可能是「作為證據的什麼什麼……」
我們面前有條長遠（和痛苦）（和令人興奮）的道路。

雖然這些評論顯示現在已經有一或兩個Virgo的成員已經接受了一些比發現更弱的事情，但發現本身仍是每一個Virgo成員都在推動的強硬路線，他們的評論或演講我都可以存取使用。大多數人實際上是逼近一條更強硬的路線，稱之為「Virgo立場」——順道一提，這立場與「S」所提供的說法一致（見第四章）。[2] 這個Virgo立場是，對於單一事件沒有什麼可以宣告的，除非它（a）與光學效應相關，或（b）表現出一種定義良好的波形。還有第三種可能性：（c）只要是一系列的重覆事件，那麼只要有統計數據就夠了——這實際上是一個等待AdLIGO的呼籲。分別偵測器之間時間巧合的評斷標準，也就是從韋伯時代開始用以探測重力波的偵測原理——根本已經不再被認為是夠好的。

部分LIGO成員同意這種想法，但其他人認為，對於統計分析的謹慎態度，由於數據的非高斯性質，而傾向於退卻以過度考慮所有可能對測試係數的貢獻，這讓根據時間滑動所產生實際誤報率的推斷估計成為不可能，且在看到類似事件之前拒絕

2　讓某些LIGO科學家感到驚訝的是，在一個統一的團隊中居然會有像是「Virgo立場」或「LIGO立場」這樣的東西，而再一次質疑LSC-Virgo合作的確切本質。

接受單一事件——重力波社群遠遠超出了天文物理，甚至高能物理本身的正常實踐。LIGO執行主任杰．馬克思對此特別感興趣。考慮到理論、天文物理學，以及赫爾斯（Russel Hulse）與泰勒（Joseph Taylor）透過雙星軌道微弱衰減的間接觀測，馬克思將重力波偵測視為常態的科學（參見《重力的陰影》）。馬克思認為3或4 sigma 應足以支持**觀察到**這個要求，因為這種觀察是可以預期的。

我對於布達佩斯這場討論整體狀況的看法是，仍存在著相當大的混淆和分歧，有時會在個人發言中出現看似矛盾的陳述。特別是Virgo發言人的某些談話，一方面堅持認為沒有單一的候選者可以形成任何的發現；另一方面則說無論找到什麼，可能都需要舉報（就像「義大利人」的說法）。在一位Virgo資深成員所放投影片中，同一張投影片接連表達的兩種情緒呈現了明顯的矛盾：

> 我們不能給出「作為證據……」
> 警告：如果情況處於邊緣狀態，我們可能會被迫發表我們的數據，**但不會**宣稱我們偵測到了。

這個明顯矛盾的解決方案是，由標記著「警告」的假想發表論文來討論偵測器中所有可能的雜訊源。這些雜訊可能導致巧合，雖然具有統計顯著性，但在沒有其他類型確認的情況下，甚至不能當成「作為證據」。[3]

來自LIGO的成員步步進逼Virgo明顯矛盾的立場。另一位

Virgo的資深發言人，本身對於這點是個強硬派，他說：

> 我認為我們正在度過一個非常艱難的時刻，因為很難找到第一個事件，因此我們可能不得不抓住機會接受這樣的事件。很難說什麼是正確的事情。老實說，我沒有答案。我非常擔心我們可能會發表一些不是真實事件的東西。重覆性可能是一個解決方案，但這也很困難，因為我們正在尋找罕見的事件。老實說，我不知道該怎麼做。（英文由HMC編輯）

我們可以將爭辯，及其所體現的困境概括為三個維度：

維度1：重力波偵測是什麼類型的科學？

這個問題已在本書主要部分中詳細討論過。重力波不斷將自己與高能物理學相提並論，但此標準對於一個開拓性科學而言可能過高。無論如何，當高能物理尚在發展之際，其標準是更加寬鬆的。此外，當重力波試圖考慮測試係數問題每一個可以想像的面向，以及當它拒絕認同超出可以用時間滑動直接測量背景的計

3　與投影片作者的私人交流（2009年10月）。作者在私下的對話中補充：「我知道在其他領域發生了一些案例，發表出現了無法解釋的情形，結果一無所獲。測量繼續進行，效應沒有再出現。」

算時，甚至可能將自己的標準設的比高能物理更高。它也可能超越其他科學，因為它以不對稱的方式應用對儀器的工藝理解。

最後，或許天文物理學才是對該學科而言比較好的模型；至少有一位評論者提到，天文物理的執行標準不像高能物理那麼保守。

維度2：「作為證據」或「發現宣稱」，只能擇一？

同樣，這個維度在本書正文中已經進行了大量討論。在奧塞會議上，似乎有一種新的意願來支持「作為證據」(關於它的價值，整本書都在為此論證)。但在布達佩斯會議上則有些非常強烈情緒表達了反對此一想法的觀點。但如果在S6發現一些邊緣事件，可以避免「作為證據」的宣稱嗎？我們不知道會有什麼在S6發生，但我們可以嘗試一個思想實驗。想像一下，你在S6看到四個「事件」，每一個都具有大約3.5 sigma的統計顯著性水準。想像一下，當你打開一個(或多個)信封時，發現其中三個事件對應於盲植，但第四個事件則無任何關聯。對第四次事件什麼都不說是可信的嗎？拒絕說出「這看起來像是可以作為證據」究竟是展現了誠信，還是缺乏誠信？

維度3：是要先驗地設置規則，還是依循事件？

多年來，社群成員一直在尋找事前設定偵測標準的方法。持反對立場者也有自己的一套說法。在布達佩斯，兩種立場再次升溫。在LIGO團隊一名資深成員的總結性評論中，很適切地表達了這一爭論：

> 我試過了，我想每次看到它我都失敗了。那就是做你們在過去一個半小時裡一直試圖做的事情。鑑於我們目前的狀態，（鑑於）我們有許多不同的輸入——多個偵測器、外部觸發器、已經計算出的波形，你會用什麼評斷標準？你怎麼從一個已經完全混合在一起的東西中找出一些合理的東西呢？你能制定一套規則嗎？這就是我所聽到的——人們制定了關於如何處理這個問題的規則。我不認為我們應該這樣做。我認為我們應該制定一套概念……寫下一組概念作為指南……我知道別無他法……如果偵測委員會要執行職務，將會根據每個案例本身的優缺點加以檢視。我不知道任何其他的方法。

同樣，對於它的價值，我在本書中指出最後的情緒是正確的。雖然值得想像一下一個人可能會在未來運用什麼評斷標準，這些練習最好被視為一種「訓練」，考慮可能出現的諸多情景，而不是作為制定一套嚴格規則的方法。說明這一點的原因如第二章所述，維根斯坦提出了一個深刻的哲學觀點：規則不包含本身運用的規則。大多數情況下，我們在日常生活中使用的大部分規則的運用規則都沉浸在日常實踐和文化的沉澱中，我們甚至沒有注意到每當我們在使用規則時，其實都是在進行一種哲學奇蹟般的詮釋行為。然而——就像這裡所討論的情況，真正的開拓性科學或任何全新的實踐或文化——讓正確運用規則的問題變得更加突顯。在這種情況下，知道如何運用規則的唯一方法——每個可能性都確定是無法預見的——才能在事件迫使論證展開時解決這個問題。[4]這些鮮活論點的結果通過歷史的海洋，形成社會的沉澱——在這裡指的就是科學社會。計算不能產生沉澱；只有文化創新生命的循環才能創造它。可以嘗試排練未來，就像戰爭遊戲排練戰鬥一樣，但是，如同將軍會不斷地重新發現到，戰爭遊戲不是戰爭。

結論

在阿卡迪亞會後的會議上進行的討論表明了，盲植練習是成功的。但它不是在預期方向上的成功：它沒有讓植入被識別出是假的重力波，它也沒有引起偵測程序的完全運用。但可以肯定的是，下次運轉時分析數據的方法受到盲植推動力的影響，將遠遠超過其對上一次運轉的影響。成功，是在一個比預期更晚的實驗運轉上實現。

4 「飛機事件」以近乎卡通的形式說明了此一深層原則。

附錄 1

2007 年 10 月爆發小組的檢查清單

The Burst Group Checklist as of October 2007

GPS 874465554事件的爆發偵測清單*

LSC-VIRGO爆發工作小組

2007年10月1日

1. 零級正常狀態

   將GPS時間轉換為日曆時間並檢查是否有可疑之處。

   2007年9月22日03:05:40 UTC並無疑慮

2. 零級正常狀態

   閱讀電子紀錄，了解相關時間／日期。

   是否有任何異常？

   H1有震動活動和響亮／長時間的暫態活動；L1沒有

3. 零級正常狀態

   檢查候選事件附近所有儀器的狀態向量。

   數據是否正確標記？

   FOM顯示所有IFO都在科學模式

* 譯註：檢查項目共73項，分為數個大類，斜體部分為該項目檢查的結果。

4. 零級正常狀態

   確定儀器的內漩範圍以便設定靈敏度的大小。是典型的／低的／高的？

   H1／L1範圍良好，典型的H2範圍。之後下降6min

5. 零級正常狀態

   確認時間上最接近的硬體植入（它們的形式與震幅）。正在進行的是隨機的／脈衝星的？什麼時候開始，震幅多少？

   沒有接近的硬體爆發植入，脈衝星打開

6. 零級正常狀態

   事件距離所有儀器打開／關閉的時段有多久？

   科學時段邊界離所有儀器的打開／關閉時間都超過10,000秒

7. 數據完整性

   檢查無驗證／未授權／自發性的硬體植入。

   植入日誌中無記載。在任何已激活的管道中都沒有意料之外的事

8. 數據完整性

   檢查記錄在框架中或保存在磁碟上所有的可能測試點。後者有時間急迫性，因為數據可能會被覆蓋掉。

9. 數據完整性

   確定是否存在任何數據篡改。O（的責任）

10. 數據完整性

    檢查框架的完整性；檢查raw／RDS／DMT框架。

    兩個觀測站的L1／RDS上的數據有效標記都沒有問題，沒有

CRC超出範圍的不配對（874463712, 874467392）

11. 事件

在RDS／全框架和所有在偵測器網絡中可用的儀器上執行Q掃描。

一些有趣的事情（見連結）。

H1在IFO通道上充滿瞬變干擾，必須加以了解

H2在23的Q值不一致，而4km的IFO的Q值為5

12. 事件

在RDS／全框架和所有在偵測器網絡中可用儀器上執行事件顯示。

沒有明顯的瞬變干擾。大約1秒鐘後，AS-AC，REFL-IIQ有一些突波。

13. 事件

每個偵測器中該事件的總體時間頻率是多少？

看起來一致嗎？

極小的不確定性，看起來非常一致

14. 事件

這樣一個候選事件的預期背景是什麼？

在此背景下觀察的統計顯著性為何？

比較時間滑動與基於第一原理的帕松估計值（Poisson estimate），它們一致嗎？

在預設的閾值下，背景取決於演算法／搜索

對於線上搜尋，以KW+CP來說，我們有一個大約.03的顯

著性。

但以在2007年9月21日觀察N個事件的概率來說，這事件遠遠高於設定的閾值。

15. 事件

    背景估計有多可靠？進行隨機選定平移，對應於固定平移，其結果一致嗎？其他步驟如何？

    目前的背景估計僅針對9月21日

16. 事件

    事件的統計顯著性以目前選擇的閾值來說，有多可靠？進行「階梯式」分析（不同的閾值）加以評估。

    事件的統計顯著性當然取決於閾值

    以KW+CP來說，它從.03（fg3，bg.68）變化到.01（1, .01）。

    取決於選定的Gamma閾值（5或9.5）

17. 事件

    如果事件有超過2個IFO，任意2個成對的IFO也能夠辨識嗎？在什麼樣的背景／統計顯著性下？H1L1中清楚可見。

    在H1H2的Q分析中可能可以看到（由qscan臆測）

18. 事件

    如果只涉及2-IFO，為什麼其餘的偵測器網絡沒有檢測到它？

    在H2中低於KW閾值，但在所有3個IFO中信號清晰

    G1和V1中的在100赫茲下的靈敏度太差

19. 事件

檢查未參與事件的偵測器的狀態，找出為什麼會這樣。

H1H2L1G1V1全部處於科學模式（哇）

20. 事件

檢查頻率內容到KHz範圍，是否存在任何東西嗎？更廣的頻帶搜索會把它挑選出來嗎？

在h(t)高達8192Hz，沒有東西。然而，在H1和L1的AS_Q_0FSR中，看到在qscan中高頻過量。應該加以了解（在nyquist處出現疊頻？）

21. 事件

執行參數估算碼。

22. 事件

確認在天球環／區域中使用非同調方法，即信號時間和幅度O的（責任）。

23. 事件

比較同調與不同調的訊源重建方法。

24. 事件

來自於此方向上網絡的接受度？

25. 事件

候選者對分析幅步大小／開始有多可靠？

在KW和Q分析程序中看到，它應該是可靠的

26. 事件

由這方法建立的峰值時間，參數估計和不同的同調方法相較之下如何？如預期嗎？

使用Q分析程序作為參考，KW峰值是9毫秒之後。兩種演算法在H1和L1之間給出dt=4毫秒。CorrPower峰值為-38毫秒，50毫秒的時間窗口

27. 事件

    它可能是預先過濾造成的假象嗎？

    分析程序和CorrPower使用零相位過濾。KW觸發的正偏移量是由於未修正的濾波器延遲

28. 事件

    在候選事件附近計算出的搜尋方法偵測效率為何？平均／低／高w／r／t S5？

29. 事件

    是否可能來自未過濾完全的線路和（或）其他假象？是否可能是小提琴模態激發？任何其他機械共振潛入？

    在qscan中看起來不像是線路問題。持續時間短（幾毫秒）

30. 事件

    事件附近的儀器有多靜止？

    以單次計數和PSD來量化這一點。

31. 否決

    除了天文物理學之外，還有什麼可能導致這一事件？盲植。

    故障導致。常見的低頻瞬變干擾

32. 否決

    Q-scan／事件顯示是否存在明顯的環境干擾？

    在最初的RDS qscans中沒有明顯干擾。但是，我們可能希望

查看顯示事件時間周圍所有頻道的qscans，而不論其重要性。

在H0：PEM-BSC3_ACCX附近-200毫秒處有一個低頻瞬變干擾，在H0：PEM-BSC6_MAGZ的雜訊，在事件時間附近的-6到1秒

33. 否決

    Q-scan／事件顯示中是否存在明顯的干涉儀擾動？

    HI顯示多樣的IFO通道干擾，在事件發生後1秒鐘停止。這些干擾與事件並不直接相關，但應該加以了解

34. 否決

    檢查事件發生時間附近已知的地震。

    在事件期間相當安靜

35. 否決

    聯繫電力公司，並取得事件發生時已知電力供應的瞬時變化。

36. 否決

    如果可以，請檢查卡車和重型設備進／出實驗室的紀錄，可能沒有記錄在ilog中。檢查是否飛機越過（機場飛行日誌）。

37. 否決

    檢查事件發生時主要電氣設備的開關動作，可能沒有記錄在ilog中。

38. 否決

    在候選事件當下，輔助通道中的KleineWelle（KW）觸發為何？

    事件發生時間附近沒什麼特別的（毫秒，在.714／.718之間）

同一秒內的瞬變干擾很弱。因為KW觸發僅產生自10-512赫茲，在H0的BSC3_ACCX錯過了。

39. 否決

如果輔助通道與KW觸發器有任何重疊，這種時間巧合的預期背景是什麼？該通道作為否決通道的重要性是什麼？

40. 否決

哪個重疊通道是安全的，哪些不是？

分析最近的硬體植入。

41. 否決

對於已測量出轉換函數的PEM／AUX通道，存在其中的信號是否與重力波中的信號一致？

42. 否決

如果RDS中的非重力波通道中沒有任何內容，請繼續掃描全框架並重複上述檢查。

43. 否決

任何已知的數據品質旗標與事件重疊？這如何取決於DQ旗標閾值？時間巧合統計顯著性為何？

到目前為止已經評估過的DQ標誌都沒有重疊，但是許多旗標尚未就這次運轉的這部分進行評估

44. 否決

檢查微小的trend／Z-glitch／glitch-mon數據。

45. 同調分析

進行HI-H2的Q分析；HI-H2的空白資料流中有任何內容？

H1-H2資料流的標準能量為7。H2的能量為15。所以H1和H2似乎大致一致。

46. 同調分析

在所有成對的偵測器上執行r統計交互相關分析（無論是否涉及觸發）；每一個有多重要？

47. 同調分析

對可用的偵測器網絡進行同調分析／空白資料流的爆發分析。

RIDGE分析程序在事件的位置找到最大統計量

48. 同調分析

在可用的偵測器網絡上，執行內漩多偵測器相干分析，並與爆發分析比較。

49. 同調分析

從數據中提取的最佳擬合波形是什麼？

50. 其他方法

其他爆發ETG有發現事件嗎？如果有，請比較提取的事件參數，包括背景／信號顯著性。

使用Q分析程序在所有3個IFO中都可以看到該事件，但是沒有時間巧合，也沒有為偵測設定閾值

在Block-Normal中看到事件，僅限H1和L1

整個S5A 598天中的FAR1，在CWB中看到事件。

51. 其他方法

在爆發事件前後，內漩和（或）震盪衰減搜索的結果是什麼？

如果有東西出現，背景／統計顯著性為何？

沒有線上BNS事件（1-3Msun）

頻率範圍暗示為BH質量物體

52. 校準

在此事件附近的校準常數和誤差為何？

53. 校準

相較於校準版本的事件分析有多可靠？

KW使用未校準的數據。可能會影響CorrPower

54. 校準

有無可能有任何校準假象？

激發通道中不存在這樣的強信號

55. 校準

在對ADC數據進行分析時是否識別出事件？

比較從ADC（t）和h（t）開始的分析結果。

發現事件在DARM_ERR有KW，在h(t)上有QP／CP

56. 雜項

檢查儀器的計時系統（同步？）。

57. 雜項

檢查最近的重新啟動，軟體更新／重載。

任何可疑的數據擷取軟體變更？

58. 雜項

檢查最近登錄到各數據擷取的電腦。

59. 其他重力波偵測器

非LSC-VIRGO偵測器中的任何徵兆？TAMA／重力棒上線運轉中？

60. 其他重力波偵測器

根據我們對這事件所知，預期的信號大小是多少？

在V1、G1，以及任何其他由於低頻（100赫茲）而無法偵測到的

61. 非重力波偵測器

全球的電磁波或粒子偵測器中有任何已知或「次要」事件？O（的責任）

62. 天文物理學

是否有任何已知的訊源與候選事件相應方向的天球環／區域重疊？

63. 天文物理學

檢查在同一個方向的重建事件（候選事件除外）。執行定向搜索；如果點狀訊源位於其後，則更多較低SNR的事件可能出現我們的數據中。

64. 天文物理學

提取的波形與天文物理學的波形相較之下如何？

假設在銀河系的距離，進入重力波的能量規模是多少？

65. 否決

創建一硬體植入，從信號波形對應於從儀器中提取的最佳擬合波形開始。

66. 其他方法

依據每一個IFO提取的波形並運行配對過濾搜索，以確定特定型態在數據中出現的頻率。

67. 事件

執行Q事件顯示。

68. 事件

執行同調事件顯示（CED）。

69. 否決

播放對應於重力波，H1＋－H2的聲音檔案，輔助管道。

70. 否決

檢查所有光電二極體中的信號是否相同。

71. 否決

檢查風速

風速正常且低於15英里／小時

72. 否決

檢查TCS雷射的功率變化。

正常：沒有跳模或TCS功率大跳動

73. 否決

進行震動Q掃描。

在L0:EY_SEISY和H0：EY_SEISZ中有一些震動雜訊噪聲需要進一步研究。

附錄 2
爆發小組為阿卡迪亞會議準備的摘要
The Burst Group Abstract Prepared for the Arcadia Meeting

我們呈現在2006年11月至2007年11月間，由LIGO、GEO 600和Virgo偵測網絡收集的數據中搜尋未建模的重力波爆發結果。除了幾種只貢獻極少量的觀察時間的組合，我們針對四個LIGO／Virgo偵測器中，兩個或更多偵測器同時運轉時所收集的數據進行分析。分析的總觀察時間約為248天。透過三種不同的分析方法進行搜索，並涵蓋整個64-6000赫茲的儀器靈敏頻帶。包括否決條件，所有的分析篩選都是建立在使用時間平移（背景）數據的盲目方式。對收錄的重力波爆發搜尋的整體靈敏度，根據它們的均方根和（root-sum-square, rss）應變震幅hrss加以表示，在6x10-22-6x10-21Hz-1I2（暫定）範圍內，反應了迄今為止對重力波爆發最靈敏的搜索。在某個分析中的某個事件通過了所有的選擇篩選，相較於強度與背景事件的分布，其統計顯著性微弱，並已接受了額外的檢視。基於其統計顯著性，以及其頻率與波形和背景事件的相似性，我們並不把該事件認定為重力波信號。我們以頻率論上限在儀器可偵測到重力波事件的出現率，來詮釋該搜索結果。當結合先前使用LIGO偵測器的第五次科學運轉（S5）的早期（2005-2006）數據搜索結果時，這是每年3.3（暫定）

次事件的程度，也就是90%的信心水準。假設幾種類型的合理爆發波形，我們還提供了事件出現率對應信號強度的排除曲線。

致謝

Acknowledgments

我進行科學分析的方式是儘可能地了解我所謂的「嘗試發展互動專業知識」(Collins and Evans 2007)。我儘量將對技術的理解放入我的分析當中。在書裡所描述的科學案例中，關於統計數據的分析必須仰賴科學家的大量協助，經由對「元文本」(proto-text)的檢查，釐清一些技術細節。關於干涉儀重力波偵測器的最好的專書作者，彼得·索爾森，他曾是LIGO科學合作團隊的發言人，也是我所知最誠實和正直的人，一直是我寫作此書的指引。我們在一些更社會學的分析和結論方面有著相當的歧見，但這只更加說明了他的貢獻無私。我在理解某些特定技術概念和程序時也借助了亞倫·韋恩斯坦(Alan Weinstein)、謝爾蓋·克里門科(Sergey Klimenko)和麥克·蘭德里的幫忙。我寄給他們草稿的部分段落，並徵求他們的意見。亞倫·富蘭克林，他曾為苛刻的學術敵人，現在則是珍貴的學術同儕，不吝為我檢視書中高能物理的歷史，對本書助益良多，這部分我在技術上並不具備自己進行的能力，而他的發現在文中被使用與認可。富蘭克林還打算發表更多有關高能物理學近期歷史的文章，以便讀者可以明確找到先例和先前對此類報導的討論。格拉哈姆·沃安(Graham Woan)從一位對統計學特別感興趣的重力波物理學家的角度，將統計學那章整個看過一遍，而德爾雷・麥克勞斯基（Deirdre McCloskey）則以一位在社會科學領域使用統計學專家的身分來看這一章。我在卡地夫的同事伊凡斯仔細閱讀了整份文稿並指出多項可能容易讓來自科學和技術研究的典型讀者誤解之處。這讓我針對該社群提出更明確的論點。理查・阿倫（Richard Allen）在編輯時刻苦鑽研，潤飾文本並刪除其中不正確之處。感謝整個重力波物理學家社群，以及卡地夫的同事和系上提供的環境，讓我可以完成這樣的工作。當然，書中所有的錯失，文責皆歸我本人。

一如以往，芝加哥大學出版社的編輯Christie Henry從一開始就鼓勵我，並將此特別的任務交給Karen Darling。能夠有一位出版商相信你應該出版你想要的而不是他們想要的，真是有說不出的美妙；我和芝加哥出版社在一起的時候就是我的幸運日。

這個田野工作獲得英國經濟和社會研究委員會（Economic and Social Research Council, ESRC）小額經費資助——「發現的社會學」（2007-2009：RES-000-22 2384）。

參考資料

References

Astone, P., G. D' Agostini, and S. D' Antonio. 2003. "Bayesian Model Comparison Applied to the Explorer–Nautilus 2001 Coincidence Data." *Classical and Quantum Gravity* 20 (17): S769–S784.

Astone, P., D. Babusci, M. Bassan, P. Bonifazi, P. Carelli, G. Cavallari, E. Coccia, et al. 2002. "Study of the Coincidences between the Gravitational Wave Detectors EXPLORER and NAUTILUS in 2001." *Classical and Quantum Gravity* 19 (7): 5449–65.

Astone, P., D. Babusci, M. Bassan, P. Bonifazi, P. Carelli, G. Cavallari, E. Coccia, et al. 2003. "On the Coincidence Excess Observed by the Explorer and Nautilus Gravitational Wave Detectors in the Year 2001." http://arxiv.org/archive/gr-qc/0304004.

Collins, Harry. 1985. *Changing Order: Replication and Induction in Scientific Practice.* Beverley Hills and London: Sage. 2d ed., 1992, Chicago: University of Chicago Press.

Collins, Harry. 2004. *Gravity's Shadow: The Search for Gravitational Waves*, Chicago: University of Chicago Press.

Collins, Harry. 2007. "Mathematical Understanding and the Physical Sciences." In "Case Studies of Expertise and Experience," ed. Harry Collins, special issue, *Studies in History and Philosophy of Science* 38 (4): 667–85.

Collins, Harry. 2009. "We Cannot Live by Scepticism Alone." *Nature* 458 (March): 30–31.

Collins, Harry, and Robert Evans. 2002. "The Third Wave of Science Studies:

Studies of Expertise and Experience." *Social Studies of Science* 32 (2):235–96.

Collins, Harry, and Robert Evans. 2007. *Rethinking Expertise.* Chicago: University of Chicago Press.

Collins, Harry, and Robert Evans. 2008. "You Cannot be Serious! Public Understanding of Technology with Special Reference to 'Hawk-Eye.' " *Public Understanding of Science* 17 (3): 283–308. DOI 10.1177/0963662508093370.

Collins, Harry, and Martin Kusch. 1998. *The Shape of Actions: What Humans and Machines Can Do.* Cambridge, Mass: MIT Press.

Collins, Harry, and Trevor Pinch. 1998 [1993]. *The Golem: What You Should Know About Science.* Cambridge and New York: Cambridge University Press.

Collins, Harry, and Gary Sanders. 2007., "They Give You the Keys and Say 'Drive It' : Managers, Referred Expertise, and Other Expertises." In "Case Studies of Expertise and Experience," ed. Harry Collins, special issue, *Studies in History and Philosophy of Science* 38 (4): 621–41.

Finn, L. S. 2003. "No Statistical Excess in EXPLORER/NAUTILUS Observations in the Year 2001." *Classical and Quantum Gravity* 20: L37–L44.

Franklin, Allan, 1997. "Millikan' s Oil-Drop Experiments." *The Chemical Educator* 2:1–14.

Franklin, Allan. 1990. *Experiment, Right or Wrong.* Cambridge: Cambridge University Press.

Franklin, Allan. 2004. "Doing Much About Nothing." *Archive for History of Exact Sciences* 58: 323–79.

Greenberg, Daniel, S. 2001. *Science, Money and Politics: Political Triumph and Ethical Erosion.* Chicago: University of Chicago Press.

Holton, Gerald. 1978. *The Scientific Imagination.* Cambridge: Cambridge University Press.

Kennefick, Dan. 2007. *Traveling at the Speed of Thought: Einstein and the Quest for Gravitational Waves.* Princeton: Princeton University Press.

Krige, John. 2001. "Distrust and Discovery: The Case of the Heavy Bosons at CERN." *ISIS* 95:517–40.

Mackenzie, D. 1981. *Statistics in Britain, 1865–1930.* Edinburgh: University of Edinburgh Press.

Merton, Robert K. 1942. "Science and Technology in a Democratic Order." *Journal of Legal and Political Sociology* 1:115–26.

Mortara, J. L., I. Ahmad, et al. 1993. "Evidence Against a 17 keV Neutrino from 35S Beta Decay." *Physical Review Letters* 70:394–97.

Pinch, Trevor J. 1980. "The Three-Sigma Enigma." Paper presented to the ISAPAREX Research Committee Meeting, Burg Deutschlandsberg, Austria, September 26–29, 1980.

Pinch, Trevor J. 1986. *Confronting Nature: The Sociology of Solar-Neutrino Detection.* Dordrecht: Reidel.

Shapin, Steven. 2008. *The Scientific Life: A Moral History of a Late Modern Vocation.* Chicago: University of Chicago Press.

Stepanyan, S., K. Hicks, et al. 2003. "Observation of an Exotic S + +1 Baryon in Exclusive Photoproduction from the Deuteron," *Physical Review Letters* 91:252001-1–252001-5.

Wittgenstein, Ludwig, 1953, *Philosophical Investigations.* Oxford: Blackwell.

Wright-Mills, C. 1940 "Situated Actions and Vocabularies of Motive." *American Sociological Review* 5 (December): 13, 904–9.

左岸科學人文　280

重力的幽靈

關於實驗室、觀測，以及統計數據在21世紀的科學探險

Gravity's Ghost: Scientific Discovery in the Twenty-first Century

作　　者　哈利．柯林斯（Harry Collins）
譯　　者　劉怡維、秦先玉

總 編 輯　黃秀如
責任編輯　孫德齡
企劃行銷　蔡竣宇
封面設計　日央設計
內文排版　宸遠彩藝

社　　長　郭重興
發行人暨出版總監　曾大福
出　　版　左岸文化
發　　行　遠足文化事業股份有限公司
　　　　　231新北市新店區民權路108-2號9樓
電　　話　（02）2218-1417
傳　　真　（02）2218-8057
客服專線　0800-221-029
E-Mail　rivegauche2002@gmail.com
左岸臉書　https://www.facebook.com/RiveGauchePublishingHouse/
團購專線　讀書共和國業務部　02-22181417分機1124、1135

法律顧問　華洋法律事務所　蘇文生律師
印　　刷　成陽印刷股份有限公司
初版一刷　2018年10月

定　　價　350元
I S B N　978-986-5727-79-6

重力的幽靈：關於實驗室、觀測，以及統計數據在21世紀的科學探險
哈利．柯林斯（Harry Collins）著；
劉怡維、秦先玉譯
－初版. －新北市；
左岸文化出版；遠足文化發行；2018.10
　面；14.8 × 21公分. －（左岸科學人文；280）
譯自：Gravity's ghost: scientific discovery in the
　　　twenty-first century
ISBN 978-986-5727-79-6（平裝）
1.物理學　2.歷史
330.9　　　　　　　　　　107014690